静かなる技術倫理

—国難を少しでも救う志—

佐伯 昇・横田 弘・冨澤幸一・正岡久明 著

技報堂出版

序

我々は国難の中に入りつつある。容易でないことが予想される。大規模地震の可能性、災害の多発、温暖化、疫病、少子高齢化、格差、社会的ひずみなどの問題がある。これに続いて多くの国での国際的不和、経済の停滞、人々の疲弊から自己中心的、無関心の世の中に進みつつある。

技術者は自然災害を中心に国難を正面からぶつかり多くの課題やジレンマの解決を、志、覚悟を持って実践にうつす。日本人の心の中には何千年前より培われた大災害に耐えぬいたDNAが温存している。安全文化、連携の倫理が蓄積している。呼びさます時がきたのである。

国難を乗り切るには、まず迫る大災害に対して、前もって立ち向かう連携の意志を呼び起こす。「稲むらの火」のように津波を知らせるために火をはなった高い倫理力の覚悟がいる。これまでの経済性、自己中心性をまず棚上げする誇りを感じて、人間本来の心を最優先とする覚悟がいる。進みつつある防災計画、建設そして被災後の復興、町づくりの合意形成は人が本来の姿にもどり、和をもって技術倫理を進めることしかない。

実践は住民、町内会、自治体、科学技術者、マスコミの地域ごとの連携、地域のリーダーを必要としている。先の大戦のように苦難を乗り越え、新しい国となる。生涯の心の研鑽として静かなる技術倫理に立ち向かう。技術倫理は言葉ではなく心の中に静かにある。

2020年3月

著者一同

目　　次

はじめに—国難を思う—

志と自律心

マスコミに毎日のように物づくりなどをめぐり不祥事が出される。技術倫理の怠慢、ないがしろとして深い問題が残る。国難にあたり新たな明かりを灯す。学生、青年への技術倫理の新たな継承、技術倫理の自覚と問題認識、社会人として組織への倫理の浸透、実践を組立てて具体的に進める。これらを目指す技術倫理の灯をかかげ、人々の心を求めて、国難を少しでも救う。技術倫理は自分の実践である。

国難が迫っている。いつとも、どれほどとも、わからない大災害、苦難に立向うことになる。少しでも早く、人々の国難を小さくしようとする力が合流するように倫理・技術倫理の力を引き出す働きをする。

阪神･淡路大震災（平成７年）に見たインフラ構造物に多くの欠陥があった。昔の官直轄の比較的古い構造物にはあまり欠陥はない。直轄工事は当時高い見識を持ったリーダーがインフラ建設を行っている。黙っていても技術倫理は高く、立派な構造物を残している。この阪神・淡路大震災をさらに被害を大きくしたのは地域性と大きな地震力、後追的な設計基準などのリスク管理の遅れがあった。現在では、構造物に現存するリスクを少しでも消し、新しく作るものには将来のリスクを考慮したねばりのある構造物の基準に移っている。将来を考え、志は高く持つことを必要としている。

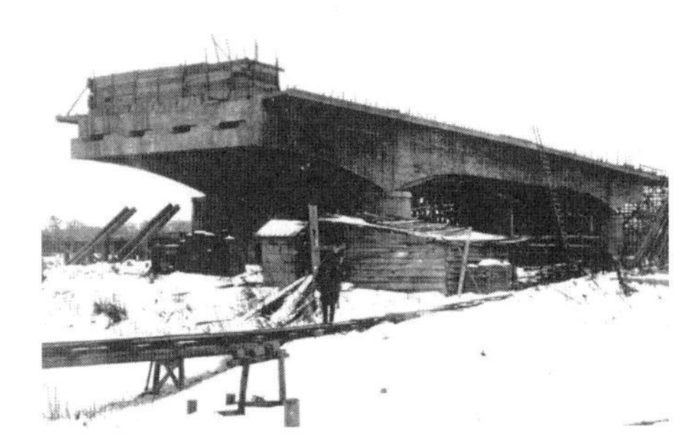

施工中のゲルバー桁（旧十勝大橋）

すばらしいボランティア活動がどの災害においても行われている。倫理・技術倫理による最後の砦となる。災害をうけた人々の一番大切な支えとなる。

東日本大震災（平成23年）の大きな津波の恐ろしさは今でも目に焼き付いている。東京電力（東電）では将来の大きな津波を計算上予想しながら、少しもこれを考慮することはなかった。リスク管理の未熟さは技術倫理の力の浸透が弱かったことを意味する。技術倫理の力を強くし、将来のリスクに対する認識を整える。学会会員の志と自律心に期待することが大きい。市町村あるいは町内会レベルにおいて防災体制をつくる。津波に対しては逃げる道、方法を事前に定め、春夏秋冬において散策道を確認する。お年寄り、大人、若者、学生、子供それぞれの役割と支援の自律性が求められる。将来に向けて倫理・技術倫理のしっかりとした体制を災害の起こる前につくり、ボランティア活動、企業活動、市民活動などを基に、力を合わせて国難の被害を半分に1/10に1/100に抑えることを進める。志と自律心がともに国難を救う柱となる。

覚悟と実践

人間がいなければもっとよい自然が保てている。生き物で一番悪いのは人間であるのかもしれない。科学の発展は原子力災害を生んでしまった。その後の始末は容易ではない。黙っていれば人間はそう進むものである。現在、技術革新によって経済的に言って一番よい時代に押し上げている。多くの人々は食べたいものを食べ、車を自由に乗り回し、旅行して豊かな生活を送っている。その代わり昔から比べるとゆとりがなく、男も女も走り回って働いている。考える時間があまりないのである。温暖化は知らないうちに進んでいる。子供達のしめつけも厳しくゆとりが感じられなくなっている。経済が世の中を支配しているとも言える。昔はその外に何か基本となる

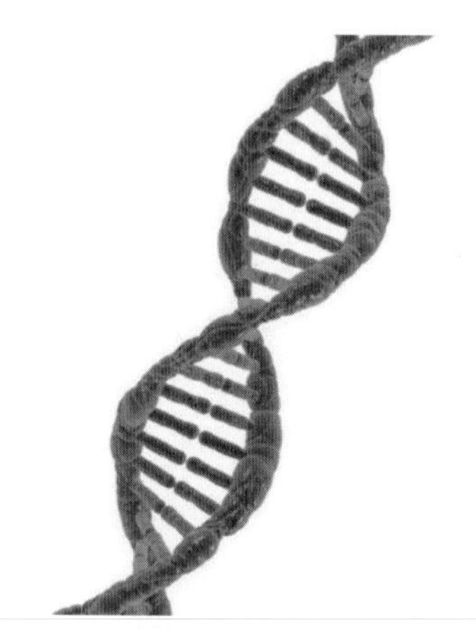

大災害の記憶がインプットされているDNAのモデル画像

柱があった。太平洋戦争が始まって終ると、食べるものは不足し、米はほとんどなく、今から考えるとひどく辛いものであった。学校給食も今から思うとかなりひどく、脱脂粉乳であったが美味しいものと飲んでいた。子供達はかなり我慢のできるものである。親からも人からも自由で、自分で勝手に遊んでいた。実に楽しかった。満ち足りて経済的に困らないことと、つらい生活でも楽しく暮らせることとは違うものらしい。人は誇りを持っている。人々は目的に向ってがむしゃらに働いていた。昔から幾千年もの大災害を日本人は通り抜けてきた、災害あるいは人々がつらいときに助け合う良心のDNAが心の中にインプットされている。目的には覚悟がいる。

近づく大災害あるいは国難に立ち向かうときにあって、人々の心が寄り添う気持ちのDNAの記憶が疼いている。我々技術者は技術倫理を拠り所として将来あるいは近い将来に起こる危機、リスクに対応する実践を少しでも進めようとしている。技術倫理は未来志向に向って、国難を少しでも救うために新しい覚悟と実践を叩き台とする。

夢に立ち向かうネットワークの連携

何といっても国は国難の中に入っていると感じる。科学技術の一端を担っている技術者として、静かなる技術倫理からこの大きなテーマ、国難にぶつかってみる。

そんな中で和というNET（ネットワーク）によって組織、社会を進める。それは古い時代から続く、日本人の本性なのかもしれない。なんとも知れない多くの情報が飛びかうこの混沌とした時代に、何か単純なものですっきりしたいと思う。何か夢を追ってみる。

廣井勇
（後列左より3人目、明治31年、小樽築港現場）

これまで技術倫理を追い

かけながら、人はいろいろの変遷をくりかえしてきた。まずは偉人に目を向ける。これまで国を背負ってきた多くの模範としてきた科学技術者に焦点をあて、彼らの足跡を追って、我々もかくあるべきであると思い、技術者は真にこのように倫理的であるべきだと説明しながら、学生たちにも技術倫理の教育をしてきた。また、各学協会の倫理規定を教え、国外の倫理も教え、社会を出てからこのような行動を基本にするように皆にも聞いてもらった。しかし、自分自身を考えると、このような高いレベルの技術倫理を遂行できるのかというとかなり難しく、不可能であると言わざるを得ない。これまでの立派な技術者を手本にすること、倫理規定を基本にすべきことは頭の中では判っていたとしても、実社会に入り、会社の仲間との話し合いでどこまで実現できるのだろうかと考えるとき、教育と実社会、組織の中ではかなりのギャップがある。

人は自分の人生を生きている。志と言おうか、想いを持って実現するために努力している。初めは自分が認められたいという欲求に動かされながら、言ってみれば地位、名誉、財産を求めながら賞賛されたいという心に動かされている。今もうっかりするとその渦の中に入いる。生きるからにはできるだけ悪いことはしないように、汚職みたいなものはしないように、きまりはできるだけ守るようにという次元によって「善良である」という肩書をかぶっている。人はおのおの個性があり、バラバラである。自分だけの思考のみでは自分の枠からは出られない。自分もそうであるが、人もそうである。社会、組織はそのようなものである。個人、組織、社会が分裂するかの状態にあって、組織を守り、社会を守り、連携を作る。国難に立ち向かうことになる。それにはただ1つ倫（友）との理の語り合いによってのみ「自分を見抜く眼」を開くことができる。争いごとをつぶしながら、実社会に入り込み、和のNETによって人と人との交わりの中から友とともに一人ひとりは小さな倫理的行動でも、NETによって大きくて本物の倫理を集め、連携によって、社会、組織の倫理、技術倫理を定着させる。組織は強くなり、倫理によって人、組織、社会との連携を固める。

第1章
新しき人を求めて

1.1 ハムラビ法典

■技術倫理に命をかける

ハムラビが発布したこの法典は、このように完全な形で残っているものとしては最古のものである。当時の慣習として行われていたものが成文化されたものである。第229条[2]には建設について、「……もし棟梁がある人のために家を建て、その構造が十分な強度を有せず、そのために棟梁が建てた家が倒壊し家の主人が死んだ時は棟梁は死ぬべし。もし倒壊が家の息子の死の原因となった時は棟梁の息子は殺すべし……」とある。これは慣習法としてあったものを法典としたもので当時の人の考え方がわかる。約3700年前の人は一見単純であるが、わかりやすく公平な感じがする魅力を持っている。物づくりに命をかける技術倫理の成文化があった。

図-1.1　ハムラビ王の法典碑[1]
バビロニア（BC1778～1686）閃緑岩 2.25m ルーブル美術館

今でも時として、人の心の中に何かが起こり、命をかける人がいる。

■寄り添い

物づくりに命をかけるには心の受入れを必要とする。脳科学者の茂木健一郎[3]は「脳の中には約1 000億のニューロン（神経細胞）があり、シナプスと呼ばれる数千から1万がこれらを結合している。これから心を生み出す脳のシステムがある」という。ニューロンの研究の中でイタリアの研究者がミラーニューロンを発見した。このミラーニューロンは相手の行為と自分の行為を結びつける意識の情報処理をしていることがわかった。これは他人の心的状態の推定（心の理論）としている。人は相手の痛みが自分の痛みとしてわかるのである。人間や猿のように社会的動物においては他人が何を考えているのか、自分に対して敵なのか味方なのか、今相手が何をしようとしているのかを推定することは死活問題である。ミラーニューロンの反応特性は相手の行為を見たときに、それがあたかも自分がしているかのようなシミュレーションを実行することを可能にし、自分もこうであったから、相手は今こうであろうと相手の心を推定できるとしている。つまり、人は相手の心になれるし、より添うことができるのである。

ハムラビ法典にあるように「目には目を」「歯には歯を」の心的状態を互いに納得し公平なものとして受け入れる慣習があった。人は潔い一面を持っている。ここには争いを１回で終息させて、拡大させないという知恵としての和の精神がある。武士道における切腹にもこれに似た精神がある。物事をこじらせる事なく問題を解決する知恵としての和の心が見えることがある。聖徳太子が願っているのは和を大切にして抗争をしないこと、この教えは深く人の心にとどまり、「武士道」に見られる究極の和がひそんでいる。さらに向上して、人間はミラーニューロンにより相手の心を知ると同時に自分の立場を通して何が最善かを見付けようとする。自由な心の発想を必要としている。国難においてリスクと対峙し、また被害を受けた人々に対して自分達がいかにお互いに近くまでより添うことができるかが技術倫理の根底となる。倫理は人間が人間であるための最後の砦であり、皆が寄り添い技術倫理を進めていくことを必要としている。国難を前にして、寄り添う心が立ち上がり、互いに励み合う心を持ちたいと思う。

1.2 科学技術の正体――ギリシャ神話

■絆を保つためのつつしみといましめ

ギリシャ神話の中で科学技術はプロメテウスによって人に与えられた。

この神話をプラトンは次のように伝えている[4]「……かつて神々が死すべき者を創った時、これらの者にふさわしい装備を整える能力を与えた。この仕事はエピメテウスに委ねられた。いかなるものも滅亡しないように物と力を分配した。しかし人間に何も与えないうちにすべての物と力を分配しつくしてしまった。これを見ていた兄のプロメテウスは神々のもとから「火」と「技術的な知」を盗んで人間に与えた。これによって人間はどうにか生き延びた。しかし、猛獣たちから身を守るために互いに寄り集まっても「共同体をなすための技術」を持っていなかったため、人間は互いに不正を働き合いふたたび滅亡しかけた。心配した主神ゼウスはヘルメスを遣わして人間たちに「つつしみ」と「いましめ」の心をもたらした。これが国の秩序をととのえて友愛の心を結集するための絆となって、人間たちは安全に暮すことができるようになった。……」これが人類繁栄の基となっていった。つつしみといましめは、人と人との絆を確かめるものであった。今、その形が崩れかけている。

現在も人間は科学技術によって何事も解決できると期待している。その期待に沿って科学技術はすさまじい発展をしている。これによって経済が進み、人口が増加し、制御しきれないほどの発展を誘導する終焉の曲線に近くなっている。人口の限界は100億とされ、化学物質による汚染は自然環境を破壊し、人間に及んでいる。原子力の活用に大きな期待を寄せた時代も過ぎ、活用による負の遺産は解消の目処が立たない。つつしみといましめの箍がはずれかかっている。

科学技術による負の犠牲を互いの絆によって乗り越えなければならない時がきている。

図-1.2　稚内ドーム(稚内北防波堤ドーム)[5]

■便利さの魔力

科学技術に対する魔力の認識を一人ひとりが日頃から持つことが技術倫理を創造するのに必要となる。科学技術は人間のために開発が繰り返され、今日のとても便利で、快適な生活、そして社会になった。蛇口をひねれば水が出る、スイッチを入れればテレビが見られ、洗濯ができる。化石燃料を燃やし、世界中で車が走り、人々はこの便利さを謳歌している。行け行けドンドンの世の中では立ち止まったらもう脱落者である。

あまりの世の中の早さについて行けなく、自分の利益だけ守ろうと自己中心的な流れになってきている。このような便利な社会を求め働き、豊さを求めて生活をおくっている。ある人は気がついていて、どうにかしなければと思いながら、慣性の法則によって流れが持続している。いったん動きだすと止まりようがない。COP（気候変動枠組条約締約国会議、1992年国連採決、1995年より毎年開催）に期待して人々の知恵がまとまり、環境の悪化が止まり、人間の存続に間に合うのだろうか、国の問題から個人一人ひとりの問題にまでその認識が問われている。科学技術を制御可能なものに戻すべきである。スウェーデンのグレタ・エルマン・トゥーンベリさんの温暖化の国連演説は、人々にこのままでは危険な死の道に入ることを訴えている。

便利さの魔力に打ち勝とうとする力は残っている。

■ネットワークで共に

一人ひとりの心にある小さくても確かな倫理観を人々によって、どうにかしてNET（ネットワーク）で大きく拡大させる。ボランティア活動でも、小さな活動でもすべてを含んでいる。このままでは科学技術は沈没してしまう。科学技術はもともと「必要は発明の母」というように科学技術は必要に対応するために後追いになる。常に副作用として負の遺産を含む。これを消しながら科学技術は進む性質を持っている。負の遺産が消えないうちに、科学が進むこともある。そして生物が住めないような化学物質の蓄積が起こる。

科学技術に対して「つつしみ」と「いましめ」を互いの絆として心の中にNETしなければならない。科学技術はどうしても必要なものであるがこれを暴走させないためには、人々の安全に対する小さな心を集めることが重要となってくる。多種多様の社会において互いに助け合うためにNETの文化なくしては成り立たないものである。人々が自己中心的な流れに飲み込まれていないうちに、人間的な倫理社会を取りもどす。一人ひとりの小さな知恵が真の大きな知恵に成長するには、多くの人々のTL（防災行動計画）のようなNET協力を必要としている。互いに協力を惜しまない。

1.3　今日の苦悩と科学技術――水俣病

科学の負に命をかける者、自由に寄り添いながら技術倫理を進め、つつしみといましめのNETで、科学技術の暴走を止めようとする者もいる。最大の公害、水俣病の現状を見ながら、新しき人の原点を探ってみる。

［1］ 第三者によるチェック機能の必要性

恐ろしいのは科学技術者の沈黙であろうか。科学技術者も一人の人間として生活を守り、社会の発展のために働いている。関わっている仕事が人間の健康に害があるかもしれないと疑いを少し持ったとき、科学技術者は沈黙を保つだろうか。もちろん、技術者としても、全体の原因を知ることは難しいが、そのようなときに技術者として何か倫理的な行動はとれないものであろうかと考える。これまでに科学者は一般にそのような状況の教育はされていない。これまで規範としてきた土木学会の倫理規定（平成11年5月制定）にも「(技術者は）技術的業務に関して雇用者、もしくは依頼者の誠実な代理人、あるいは受託者として行動する」とある。また、平成26年5月改訂の倫理規定でも「誠実義務および利益相反の回避」が述べられている。これは何を意味するかと考えるとき、技術者個人が自主的に問題を解明するのは難しいことを示している。一人の人間が立ち向かうにはあまりに大きい問題である。これらの問題を防ぐ倫（友）としての連携、話し合うシステムが必要と考える。科学技術が発展し、人々の安全、福祉、健康、防災を考えるとき、人間は一人では弱い存在であり、人々が寄りそって倫理的な防波堤をしっかり作っていくことが必要である。企業の中に経営とは別に倫理的な意見を集約できる第三者的機構が科学技術の恐ろしさを解消できる1つである。

水俣病という日本あるいは世界が初めて経験したような大規模な公害による疫病に、一番初めに知りえたはずの科学技術者の顔が見えてこない。一人の人間が何かおかしいと感づいたとしても、話し合える仲間としての組織やシステムがない、あるいはシステムの必要性をなんとはなく魔の力で抑えられたために問題を捉えることができなかった、とも考えられる。

原因究明には、公平で倫理的な第三者的な立場にあった熊本大学の医学部による役割が非常に大きい。さらには水俣工場の病院長などの貢献が大きい。ここで考えることは科学技術に対して1つの企業の中に科学技術に関するチェック機能を有するシステムの必要性であり、その中に第三者的な外からの人材を加えた技術の全体を考える技術倫理を検討するネットワークの構築が重要である。チェック機能の必要性を具体的に以下に紐解いてみる。

[2] 工場の発展とチェック機能の麻痺

東京帝国大学電気工学科を卒業した技術者である野口遵は、カーバイドの生産に大きな力を発揮した。その当時、失業者救済を目指す水俣村の要請で1907（明治40）年に日本カーバイト商会を設立し、その後、日本窒素肥料と改め、また工場を建設して石灰窒素、硫安などの肥料などの製造に成功し、野口財閥が形成されたと社史にある。これは日本の産業の発展にはすばらしいことであった。しかし一番知っているはずの化学製品の恐ろしさを知っていながら、チェック機能を設置する必要性の顔が見えない。

■有機水銀の恐ろしさ

さらに産業を発展させ、1932（昭和7）年より、カーバイドからアセチレン、さらに水銀を触媒にしてアセトアルデヒドをつくり、これを酸化して工業上重要な酢酸をつくった。この工程によって水銀の一部は有機水銀（メチル水銀）として水俣湾に流されることとなった。**図-1.3**に、泥土中の総水銀量が示されている。図にあるように、有機水銀は、水俣工場の排水口に近いほど濃度が高く、水俣湾に広範囲に広がっているのがわかる。水銀の国の許容基準が 1 ppm であることからみても、湯堂、恋路島などに干満の差によって有機水銀が拡がり、驚くべき水銀汚染の悲劇が明らかとなった。

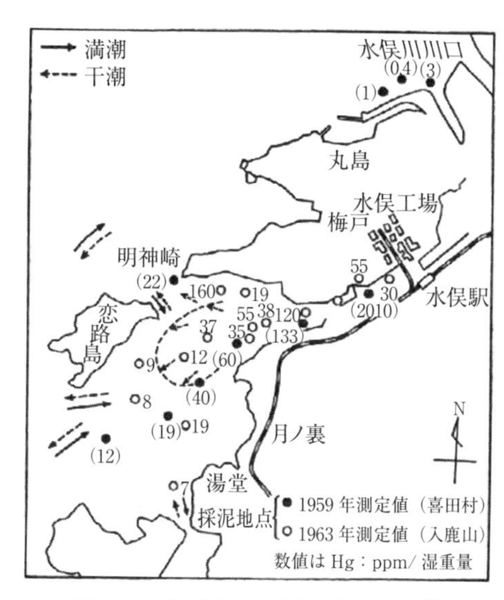

図 -1.3　水俣湾内泥土中の総水銀量 [6)]

水俣湾の水銀汚染は先に述べた 1932（昭和 7）年から始まるのであるが、この水銀を使う方法を確立したのは技術者であり、戦後の水俣市長である。チッソ水俣工場は当時の水俣市あるいは国に対して、経済的には大きな貢献をしたといえる。しかしその後、大きな苦悩が発生することになる。このように悲劇を繰り返さないために、前もって技術者の倫理的な力の決集が必要だったのである。

水俣病の症状は、知覚、運動、聴力、視野、言語などの障害があり、人によって年齢などによって症状が異なり、これらの症状が組合わされる。死亡者の所見では末梢神経や大脳、小脳の皮質に障害がみつかり、母親が水俣病の場合は胎児が水俣病（胎児性水俣病）となっている。**図 -1.4** に、メチル水銀による水俣病の成人と胎児の症候を示した。

メチル水銀の影響が大きくなるに従って、成人の場合は、軽症状から慢性進行型さらに急性劇症型などの病状が、そして胎児においては、先天性水俣病から死産、流産などが発症することが明らかにされている。成人から胎児まで広範囲に影響がおよび、水俣病には長年月の治療、支援が必要であったことがわかる。

つまり水俣病の原因物質は有機水銀（メチル水銀）である。始まりは

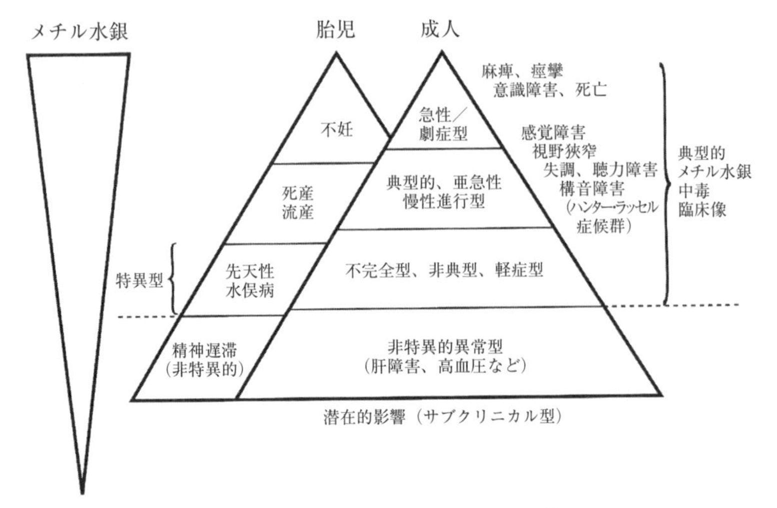

図-1.4　水俣病の症候（原田モデル）[7)]

1932（昭和7）年に遡り、日本窒素肥料（＝日窒）水俣工業（現在のチッソ水俣工場）がアセトアルデヒドの生産を開始し、1941年まで無処理のメチル水銀を水俣湾に排出し、それが魚介類によって濃縮され、魚介類を食べた沿岸住民が有機水銀中毒になったものである。企業が強引な発展の道を進み、市や国に経済的な貢献をなすと、水銀汚染、環境汚染の恐ろしさはすぐにはくい止められない。倫理観欠如の悲劇事例である。技術者への大きな戒めと考えるべきである。

［3］ 社内の風通しの悪さと沈黙

社内の関係技術者から原因を明らかにすることは、倫理観の共有があり、技術的知識があったとしてもかなり厳しい。それは会社によって生活し、多くの仲間が働き、一人だけでの知識では半信半疑の状態であるためで、原因究明は社内ではタブーであり、考えたくない事である。この時代ではホイッスルブローイング（内部告発）は無理な風潮があったのかもしれない。しかし、ことは人命にかかわることである。何とか公害ではない事をただ願う立場になってしまっている。第三者的なチェックシステムを社内に存在させておくことが科学の発展には不可欠で、義務でもある。水保病の発生源の社内には恐ろしい沈黙があったのであろう。その沈黙の恐ろしさは3つの段階に別れると考えられる。

■技術者の沈黙

まず第1は、1956（昭和31）年に水俣工場病院の細川院長が神経患者を確認し、水俣病の発見と位置づけられた。5月1日のことである。熊本医学部では原因究明に乗り出すことになるが、技術者、工学者の協力はかなり少なかったことが伺える。それは、医学部の研究班では神経系統を犯す危険性のある有毒な元素の1つとして水銀を挙げながら、高価な水銀を工場から排出するはずが無いとして調査の対象から外しているのである。これが原因究明の遅れにつながっている。

技術者、工学者の協力があれば、アセチレンから水銀触媒を用いてアセトアルデヒドをつくりこれを酸化して目的の酢酸をつくる工程で、水銀の使用は有機合成の要であり、その一部は有機水銀（メチル水銀）として排出されていたことなどの水銀情報が集められたと考えられる。まだこの時代は社内では経済発展が優先されていたためだろうか、技術者の顔が見えない。技術者は人々の快適性や経済的な豊かさを提供する能力は高く、時代の行け行けドンドンの流れに呼応して成長してきたせいか、リスクの対応にアキレス腱を持っている。

技術者、科学者はリスクとその大きさを一番よく知る立場にあり、またリスクに対して対策を講じる能力も持っている。対策が実現されなければ、作業の停止を打ち出すことができるほどの覚悟が無ければ、公害を防ぐことはできない。

1968（昭和43）年、国が水俣病を公害病と正式認定した。工業にはリスクが内在する。それを早く知り防止する体制をつくるのは技術者の責任である。沈黙の技術者が、縁の下の力持ちとして大きな力を発揮するには、時には沈黙を破り、公表するほか無い。

■管理者の沈黙

第2は1959（昭和34）年、水俣病の原因は有機水銀であると厚生省食品衛生調査会は判定していることである。また細川院長は排水を用いたネコ発症実験で水俣病の発生を検証している。それを受けて通産省は水俣川排水停止、浄化装置設置令を出した。周辺海域へのメチル水銀排出量と、へその緒の水銀濃度との間には相関があり、工場排水が人体を蝕んでいたことや浄化が進むことによって人体への蓄積が減少することがわかる。

こうして水俣病の原因がはっきりと究明されて、初めてこれを改善しようとする技術者、管理者の顔が見えてくる。この間、有機水銀の除去効果のあまりない装置の設置、1960年の排水の一部循環方式、そして1966年になって初めて完全循環方式（非排水方式）が設置された。それまでチッソ工場から有機水銀が排水されていた百間排水口である（**図-1.5**）。

1959年に水俣病の原因は有機水銀と判定され、排水に対する浄化装置設置命令が出された頃から、水俣周辺住民のへその緒の水銀濃度が急激に低下する。企業の技術者と管理者も十分に連携を取ることによってかなり前から被害を抑えることができたのではないかということが推測される。

図-1.5　百間排水溝

■企業の沈黙

第３の恐ろしさは、企業によるリスクの公表、あるいは企業にとっては負となるシステムを公表し、改善することの遅さである。

公害が起こり、はっきり認定されるまでには長い時間と費用がかかり、さらに裁判にはもっと長時間がかかる。このようにお金と長い時間をかけても、水俣病にかかった人は元に戻れない。胎児性水俣病は本当に大変な病気である。

さい帯中のメチル水銀濃度が 1.0 ppm 以下から 4.6 ppm にわたって、胎児性水俣病が発症する可能性があり、胎児性水俣病の臨床症状は個人差がかなり大きいことがわかる。メチル水銀はかなり小さな濃度でも症状が出る恐ろしいものであり、0.5 ppm 程度であれば無症状の人もいることから慎重に取り組む必要があった。

被害が出てからの救済では後追いになる。そうならないためには、有能な技術者によってすばやくリスクが予防される体制、それを支える企業が必要である。どうしても第三者的な技術倫理に関するチェック機構が企業として必要なのである。

［4］ 水俣病の原因究明と使命感

この複雑で難しい水俣病の原因究明には、熱い使命を感じて究明する人が必要であった。幸いにして倫理観の強い人が出てきてくれた。ここに紹介するのは、その一部の人達かも知れないが書き残しておく。

■大晦日の検診[8)]

立津先生（熊本大学神経精神科教授）が大晦日（昭和 45 年頃）に水俣に患者の家族の検診に行くと言い出された。みんなは尻込みする中で藤野さん（桜が丘病院長）がまだ新人なのに「行きます」と志願してきた。私は責任上行かなければならない立場だったので「先生、今日は大晦日ですから、紅白歌合戦までには帰りましよう」と言った。「君たちはまだ、あんなのを見ているのかね」と一笑に付せられた。紅白が見たいのではない「帰り時間を考えて、少なくとも 6 時には帰りましょう」という「なぞかけ」だったのだが、いっさい通用しなかった。

なぜ、大晦日かと言えば、大晦日には県外に出ている人が帰ってくるはずだ、同じ魚を食べて汚染された家族たちが、その後どうなったか診れる唯一のチャンスだという訳であった。当時、潜在患者と呼ばれ、その後、慢性水俣病、遅発性水俣病と呼ばれて問題になっていく、慢性水俣病問題の核心に迫るものであった。もし、そのとき、行政がそのような発想で調査をしていれば、2004 年の水俣病関西訴訟最高裁判決のように 22 年もかからなかったはずである。

その日はついに、患者の家で紅白が始まってしまった。その粘り、強固な意志を貫き通す、ある種頑固さという点も含めて藤野さんは１級の研究者であり、立津先生の立派な後継者である。

私は積極的に水俣病の研究に若い人を誘わなかった。新任教官が学部長や他科の 2、3 の主任教授から「水俣病に係わらないように」と言われる当時の熊本大学医学部の雰囲気から、水俣病にかかわることは学内で必ず不利な立場になると考えていたからである。それでも、何人かの若い人が関わってくれた。

原田正純、藤野糺は水俣病の治療や水俣病問題解決のための第一人者であった。

■水俣病の原因の追究[9)]

原因究明の履歴を以下に整理する。

① 1956 年、熊本大学の研究グループが新日窒水俣工場の排水が原因と発表したが、有機水銀の特定ができず、マンガン、チリウム、セレンなどが疑われた。

② 1958 年、水俣を訪れたイギリスの神経学者マッカルバインが水俣病がイギリスの有機水銀中毒例（ハンターラッセル症候群）に似ていると指摘している。この中毒はハンターラッセル氏が解明したもので、1937 年、イギリスの農薬工場で起こった症状解剖所見から、有機水銀中毒の特徴として感覚・言語障害、運動失調、聴力低下などをあげていた。この事例が水俣病が有機水銀が原因であると疑われるきっかけとなった。

③ 1959 年、水俣工場でアセトアルデヒドの製造法を確立した技術者、先に述べた橋本市長が日本海軍の爆薬の水俣湾投棄が汚染した説を言い出したが事実確認で否定された。

④ 東工大清浦雷作教授が、腐った魚からでるアミン系毒物による中毒説を、水銀説に対抗して提出した。

⑤　1959年、熊本大学医学部水俣病研究班を中心とする厚生省水俣病食中毒部会が泥、魚介から水銀を検出した。厚生省食品衛生調査会常任委員会は、厚生大臣に水俣病は有機水銀による中毒であると答申している。

⑥　1959年、チッソ（当時、新日本窒素）ではチッソ付属病院の細川一院長が、工場排水を用いて猫を発病させ、水俣病の原因が工場排水であることを確認した（400号の猫の実験）。チッソ内部ではこれらの真実は秘密にされ、水俣病の原因でないと主張していた。

⑦　1960年、熊本大学医学部内田槙男教授が水俣湾産貝からメチル水銀を抽出する。1961年、入鹿山且朗教授は工場排水からメチル水銀を検出し、猫に与えて水俣病を発病させた。

⑧　1965年、瀬辺恵鎧教授らは、モデル実験においてアセトアルデヒド製造工程からメチル水銀化合物の副生に成功した。

⑨　1968（昭和43）年、政府は、水俣病が水俣工場のメチル水銀化合物による有機水銀中毒であると認定した。1971年までに認定された患者を示す（**図-1.6**）。認定された患者が水俣市を中心に広く分布し、北は

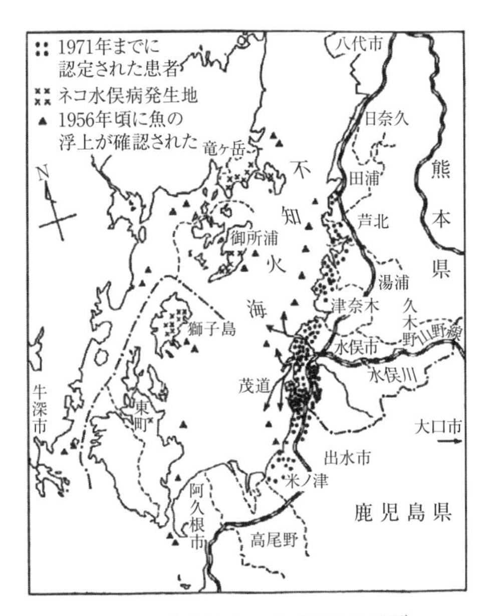

図-1.6　患者発生および汚染状態 [10)]

およそ芦北、南はおよそ米ノ津まで発症している。ネコ水俣病などの発生地は、不知火海の対岸のおよそ竜ヶ岳、御所浦、獅子島などに及んでいる。患者発生と汚染状態の驚くべき広がりは、今後患者が増加する可能性を含んでおり、今後さらに調査と患者の認定を十分行うことの必要性を明らかにしている。

⑩　水俣病患者第1号が1953年（1942年に発病していることが病院のカルテから判断されている）に発病が認定される。政府が認定するまで、実際はなんと26年も経過している。

明治40（1907）年以来、水俣で技術者や研究者はそれぞれの時代に社会に対して貢献してきたが、知らないうちに水俣病を蔓延させてしまった。その収拾として水俣病の原因究明には、心ある医師らが大きな貢献をしている。

■「終息」ではなく長い戦い

2005年は水俣病公式確認から50年である。また、今年は原因企業「チッソ」（東京）の創立100周年にもあたる。

1906（明治39）年1月、野口遵が鹿児島県大口村（現・大口市）で水力発電を始め、電力を基に近辺の石灰石などからさまざまな化学原料・製品をつくり出す「日本窒素肥料」が生まれた。国内でいち早く塩化ビニルを生産するなど化学工業をリードした同社は、小さな農漁村だった水俣に君臨した。

水俣病公式確認の1956年当時の水俣工場新聞（同社水俣工場発行）に住民代表の賛辞が並ぶ。同紙によると、1957年春中学卒業予定の就職希望者614人のうち251人がチッソを志望。夏のボーナス時には支給から1週間で市中金融機関の預金残高は約4 000万円アップし、商店もうるおった。

チッソは2005年も先端技術を売りものに業績を伸ばしている。パソコンなどに広く使われるTFT液晶の素材生産は、世界で同社とドイツの企業の2社だけである。同年3月期は水俣病患者補償債務を抱えながらも34年ぶりの単体黒字を計上した。一方で、創立100周年謝恩会では社長、会長名で「（水俣病問題は）終息に向かいつつある」との挨拶状を出した。

関係者の一人は水俣病の教訓の風化を警戒する。「特に新しい原料や化学物質を扱うときには大丈夫かと疑い、私たちは企業が情報を隠してはいないか監視を怠ってはいけない。」と警戒している。水俣病は、経済発展のリスクをおざなりにした技術倫理に不幸な事例であり、我々技術者の戒めとして忘れてはいけない。単に終息すれば良いのではない。倫理観の欠如で失った命は戻らないのである。

［5］ まとめ——命をかける

企業は端的に言えば資本がすべてであり、利潤をあげることにより人々に豊かな環境を提供している。負の遺産は徹底的に抑える。第三者的チェックの構築がかなり難しい形ができている。これをこじ開け、命をかける人は少ないかもしれないが、水俣病に命をかける人を確認した。それを支える人々、NET で支持する人々は多くいるものである。人は皆心の中に倫理の何かを持っている。人はそれに共鳴し、徐々に大きくなり、真実が表に出てくる。国難を救うには命をかける人、ネットワークを支える人を必要としている。

1.4　物の豊かさより心の豊かさ

科学技術の発展によって、便利で豊かな生活をおくることができるようになった。いつでも美味しいものが手に入り、車や飛行機で国内外を自由に遊ぶことができる世の中になった。しかし科学技術の発展は常にマイナスの面を持っている。将来的な負の遺産を背負うことになる。これが今日の苦悩とも言える。これを軽くするにはどうしても人々の倫理の力を結集し、本当の豊さを感じる世の中をつくることが必要である。国の調査においても物の豊かさよりも、心の豊かさを国民は望んでいる（**図 -1.7**）。人の根底にあるこの人間性に、小さくとも将来の方向性が見える。

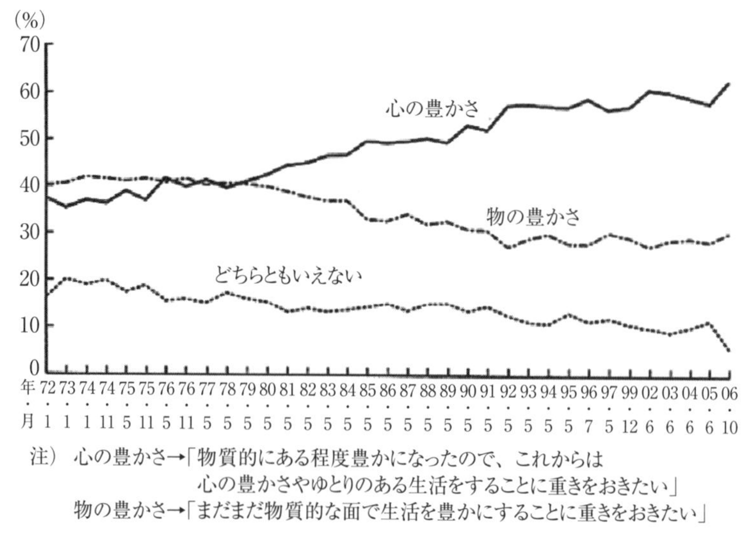

図 -1.7　総務省「国民生活に関する世論調査 H18 年版」[11] 心の豊かさ・物の豊かさ

1.5 国難はすぐそこに

わが国は火山国であり、地震が多く、台風の通り道でもある。温暖化の影響をもろに受け、気象変動が激しくなり台風の被害が多くなったと感じる。地震による土砂崩れ、津波の心配も多くなった。

想定される最大の国難は南海トラフの巨大地震であろう。東海沖から九州の海底に延びる細長い溝状の地形（トラフ）で起きる可能性がある。最大級としてはマグニチュード9クラスが予想されている。土木学会によると巨大地震後20年間推計被害で1 410兆円とされている。国の想定では220兆円、死者は最大30万人超とされている。北海道では30年以内に震度6弱以上の地震が起きる地点として根室、日高、釧路などが挙げられている。平成30年9月北海道胆振日高地震が起こり、厚真町で震度7、M6.7と推定され、大規模の土砂崩れを発生している（**図 -1.8**）。平成31年2月の余震では同町で震度6弱、M5.8の強さの地震が発生した。日本人は昔からこのような環境で我慢強く、互いに助け合う心があり、ボラン

図-1.8　大規模な土砂崩（H30.9.6 厚真町）[12]
北海道胆振日高地震（シン技術コンサルタント提供）

ティア活動も活発である。大きな災害、国難が来る前に日本を支える柱をつくる必要がある。それには倫理、我々はできることとして技術倫理によって支える体制をつくる。自分自身の問題として汗を流す必要がある。

1.6 技術倫理の始まり――クラーク博士

豊かさを勝ちえたが多くの矛盾を含んでしまった。環境汚染、温暖化による災害多発の猛威、国難の状況が近づいている。人の心は物より心の豊かさを求めている。どのような人材を育てていくか、若い人のための教育の始まりから進める。

［1］ 大学教育の原点

クラーク博士が農学校で教えた事は教育とは知識を学生に教えることではなく、それより大事なことは学生に自分は何を学び、社会で何を成すかという志を持たせることであった。これが立派な人間らしさを知る切っ掛けとなる。

図-1.9　W.S.クラーク博士（ウィリアム・スミス・クラーク）

1876（明治9）年クラーク博士は札幌農学校での開校式辞で高邁なる志（Lofty Ambition）を謳い、（**図-1.9**）細かな校則を排し、「Be gentleman」紳士たれのみを校則としている。学生に自律と独立の思想を教えている。農学校に来る15年前に本人も奴隷解放のために自ら北軍に志願して参戦している。アメリカ独立宣言に謳れている自由、自主独立、平等の精神を守るために命をかけて戦う熱血漢でもあった。明治維新の精神を高く評価し、多くの学生に自からの志と思いを伝えていった。これに学生は皆共感を感じた。そして佐藤昌介、内村鑑三、新渡戸稲造、宮部金吾それに続いて廣井勇、岡崎文吉ら多くの学生にその心が伝えられていった。この事について1952年当事東京大学総長であった矢内原忠雄は東京大学の5月祭の話[13)]の中で、明治における大学教育に2つの大きな流れがあり、1つは東京大学のナショナリズム教育、国家主義教育であり、もう1つは札幌農学校の人間をつくるリベラルな教育、民主主義教育であったと述べている。我々もこのような人間を創るクラーク博士の倫理を基本とする。あとの［6］でもう少し詳しく述べたい。

学生が実社会に出て、学んだ技術倫理と大きな隔たりがあり、実社会ではあまりそのような倫理など望んでいないこと、別に実際に重要なやる事があることを知らされる場合がある。確かにどちらかと言うと倫理的な事は棚上げし、何かのときに使うことにして、まずは頭の中にしまっておくことが多い。そして今、いつしか不正がうやむやに流れる時代、将来を考えようとしない時代に入ってきていると感じる。今こそ多くの人々が求め、共感し、楽しめる文化により建てなおす時がきている。

それには企業、共同体の中に志を同じとする友（倫）の集まりを立上げ、この中で古い言葉であるが切磋琢磨して前進するしかない。その原点は自分が志と覚悟を持つことにある。

［2］志を持つ

人が志を持つとは、そうはっきりと初めから意識して決まったものではない。ある希望を持ち、ある信念を持ち、ある目標に向って進んでみようかと考える。人は常に「自分は何をしようか」あるいは「何を選ぼうかと」

常に考えている。特に若いときがそうである。あいつ（友）はどうするだろうか、一般に人はどうするだろうかと、他人を気にし意見のぶつけ合いをする。自分があり、他人もあるという認識が芽生え、倫理が生まれる。

目標があり、志があれば、友とやりとりしてゆくうちに、さらに志が醸成する。こうすべきであると、やる気が出て、生きがいを感じる。倫理的な行動、あるいは心の隅に残っている人間の道を感じる。それを掴み取りさらに志を進める行動となる。これが技術的な事であれば技術倫理の基本となる。この基本は悪いことをしない、汚職をしない、決まりを守るという次元から一歩進んで、志によってよりレベルの高い道、将来を考える道を進むことになる。

志は技術倫理を進める大きな力となる。立派な仕事をした人達はこれをしっかり持っていたといっても過言ではない。大学教育の中で倫理が一番重要であると教育したのは、クラーク博士であった。学生と博士の対話を大事にし、これによって倫理観、志が生み出されている。志は自分の心の中に深く収まり、生きがいに生まれ代わる。

［3］ 大学でまず志を鍛える

クラーク博士の開校の式辞から志が一番重要なものであり、これによって学問を進める原動力になることを示している。「……排他的制度と因習との暴政から貴国がかくも見事に解放され（徳川幕府から明治政府への移行）自由を獲得された事は教育を受けんとする学生一人ひとりに胸の内に高邁なる志（Lofty Ambition）を目覚まさずにはおきません……」と明治9（1876）年8月14日、クラーク博士が開校式に述べた言葉である。

この中でわかることは学生達に何を教育するのか、教育とは学生の心の中に自分本人、自身が考え抜いた志を植え付け、これを目標に、これを達成するために知識学問に熱中させることにあった。志の大切さを教えるのに札幌農学校の滞在が9カ月半で十分であった。クラーク博士自身はどのように倫理観を培っていたのであろうか。若い時代に戻ってみる。

［4］ 倫理の熱血漢[14)]

クラーク博士は1826年7月31日マサチューセッツ州のアッシュフィールドに生まれ、鉱物の採取が好きで珍しい岩石をみつけ、先生に買取ってもらったりして、学費に用いたりしている。そのせいかドイツのゲチンゲン大学へ留学し、隕石の研究で学位を取得している。帰国してアマースト大学教授となる。

1861年から始まった南北戦争以前から彼の倫理観がすでに培われていることがみてとれる。まず彼はアマーストの学生を対象に北軍に参加する義勇軍を募集し、訓練を始めている。教授の身分なら危険で、とてもかなわぬことを平気でやってのける。彼の意気込みは奴隷制度を廃止し、虐げられた人々の自由を回復するということであった。この事は明治政府が立ち上がり、暴政から解放された学生に新たな志を育てようとする気運と一致している。ワシントンから戦局不利のニュースが流れると居たたまれず、一刻も早く戦いに参加しようと一人、マサチューセッツ第21義勇軍連隊に少佐として早速参加する。その後、大佐にも昇進する。理想に走る熱血漢であった。

1867年に開学予定であったマサチューセッツ農科大学学長となる。倫理観に対しても、戦争の考えに対しても、農業大学を運営する知識に対しても申し分のないクラーク博士を北海道に招くことを熱望した。それに関係したのは黒田清隆、ケプロン、森有礼、そして新島襄である。クラーク博士は襄を「私の教えた最初の日本人学生」と言っている。この二人は大きな志、同じ倫理観を持っていることで、一致しているように思われる。

1876（明治9）年に日本行を契約し、札幌到着は同年7月31日、丁度満50歳誕生日であった。この年齢で鉄道もなく、馬車が走れる札幌新道がやっとできるくらいの未開の北海道にアメリカの農科大学学長がよく来ることを決心したものである。驚くことしかできない。若者を育てる重要なものとして、道徳教育には強い関心があり、細々とした校則では人間を育てることができないとして、「Be gentleman、つまり紳士たれ」で十分と述べている。抽象論を説くだけでなく、クラーク博士は持ってきたブドウ酒をすべて割って、学生たちに手本を示している。

また冬に手稲山で苔を採取したとき、手の届かない所に珍らしそうな種類があり、背の高い黒岩という学生に自分の背中に上って苔を取れと言う。躊躇して、靴を脱ごうとしているのを止め直ぐに背中に上がって苔を取れと言う。あの時は本当に驚いたと学生の話の種になったという。この苔は新種であった。「クラーク苔」という学名がついたという。夜は自分の宿舎で定期的に学生と会い、膝を交えて話をしたという。

4月16日の別れの日、一行は20 km程の島松村の駅逓で昼食を取り、最後の野外実習を一時間した後、馬上の人となり、「青年よ大志を抱け」を叫ぶなり、去っていった。この残された言葉について色々と言われているが、残していった言葉全体をまとめるとこのような言葉であると言われている。人は志がなければ何も始まらない。

［5］ 挫折の志――洋上大学開校

アメリカに帰国してみると種々の問題が起こっていた。1つは教育理念の問題でぶつかっている。一方の考え方は、この大学は基礎学問を中心とする一般教育大学として、志ある学生を育てることを中心におく教育。一方では農業を中心とする技術専門学校としての学生を育てる行き方であった。これは埋めることができない違いであった。博士の考え方は前者であった。もう1つは大学の経営に関する財政問題であった。クラーク学長は財政をうまく処理できないということで、結局帰国し2年後の1879年に大学を辞任することになる。

その時にはすでに博士に大きな志があった。洋上大学の企画である。学生を洋上で志を育て、一般的には基礎学問を身に付け、社会に貢献する人材育成を計画したと思う。かなり魅力的な革新的教育計画である。ヨーロッパ、中東、インド、中国、日本を回るもので、スタッフはクラーク学長、他10名の教授陣である。しかし参加学生200名を予定していたが申し込みを完了した時点で「ほんの数名」にすぎなかったのである。船の購入費35万ドルに、準備にかかった費用が10万ドル、大学人としての経歴の訣別を意味していた。

財政を立直すべく学生時代から興味を持っていた鉱物に関係して、鉱山の管理経営に乗り出す。一時うまくいったが結局失敗、失意のうちに1886年59歳で死去する。常に志を持ってつき進んだクラーク博士は最後まで信念と孤立の道を進んだ。博士の志の精神を受けついだ学生達、内村鑑三、新渡戸稲造、廣井勇、宮部金吾らは、その後の日本に大きな影響を及ぼすことになった事は言うまでもない。

図-1.10　洋上大学の広告（1879年安田貞則宛）[15]

［6］大学は新しき人をつくる

北海道大学に通底する新学風について、先にも少し述べたように当時の東京大学総長矢内原忠雄博士（1910年に第一高等学校に進み、校長新渡戸稲造から強い影響を受ける）は東京大学5月祭の挨拶で次のような事を述べている。「明治の初年において、日本の大学教育に2つの中心があって、1つは東京大学で、1つは札幌農学校であります。この2つの学校が、日本の教育における国家主義と民主主義という2大思想の源流をつくったのであります。大ざっぱに言ってそういうふうに言えると思うのです。」

総長はさらに、「……日本の教育、少なくとも官学教育の2つの源流が東京と札幌から発しましたが、札幌から発した所の、人間をつくるというリベラルな教育が主流となることができず、東京大学に発したところの国家主義、国体論、皇帝中心主義、そういうものが日本教育の支配的指導理念を形成しました。その極、ついに太平洋戦争をひき起こし、……」[13]と続けている。札幌から発した人間をつくるというリベラルな学風をさらに進めていきたいものである。

［7］ 廣井勇の志と覚悟

廣井勇は 1862 年 9 月 2 日に高知藩の廣井喜十郎の長男に生まれている。叔父の明治天皇の侍従である片岡利和に懇請して書生となった。英語数学等の私塾に通っていたが、ある日、腸チフスにかかり重体になった。たまたま片岡家に出入りしていた外国商人のキンドンが勇少年を自宅に引き取り、夫婦の親身な介護が功を奏し、九死に一生をえている。この事が人としての道、倫理観を持つことになったと考えられる。

1877（明治 10）年 7 月 27 日付「開拓使付属札幌農学校官費生を申付」の辞令を受けた。その中に宮部金吾、太田（新渡戸）稲造、内村鑑三の良き友人がいた。これは宝物であった。

札幌農学校に入学し、その時クラーク博士はもう帰国していたが、クラーク博士の気高き香りは一期生から色濃く残っていた。クラーク博士の高邁なる教育に対する熱意によって、「学生の持つ知識と知性と心情をその生涯に最も役に立つように養育する」との覚悟は先に述べたように、学生たちによって遺憾なく発揮されることになる。これはクラーク博士がつれて来た教え子の W. オイラー、D.P. ペンハローの貢献も大きい。

廣井は卒業式が間近かに迫ったある日、内村に自らの進路を述べている。「この貧乏な国において、民衆の食物を満たすことなく、宗教を教えても益は少ない。僕は今から伝道の道を断念して工学の道に入る。」農学校を卒業するにあたって、しっかりとした志を持った。今の大学生にもこのような良き大学生活を送らせたいものである。

工学者に対して、科学技術者一般にと広く考えても良いと思うのだが、廣井は次の事を言っている。「工学者たる者は自分の真の実力を以って、世の中の有象無象に惑わされず、文明の基礎づけに努力していれば好いのだ。だから又工学者たる者は達観の利くものでなければならん」と言っている。「文明の基礎づけ」という言葉に一人の工学者として引き付けられるものを感じる。学問とか教育は変化を求めて新しい文明、あるいは文明とはあまり大きすぎるので新しい文化の基礎づけなら少しわかりやすいと思われる。安全という文化、あるいは大きくとらえると、安全という文明に対して新しく構築が必要となってくる。これらは工学者の役割が大きいと考えられる。

さらに工学の位置づけとしてこうも言っている。「もし工学が唯に人生を繁雑にするのみのものならば何の意味のもない事である。これによって数日要する所を数時間の距離に短縮し、一日の労役を一時間に止め、人をして静かに人生を思惟せしめ、反省せしめ、神に帰るの余裕を与えないものであれば、吾等の工学にはまったくの意味を見出すことができない」とある。今の世はこのような進み方はしていない。工学は経済との連携で、工学は思惟する時を失い、人生を繁雑に追い込んでいると思われる。

廣井の言う「人をして静かに人生を思惟せしめ」これを基に「文明の基礎づけ」を考えるとき、国難にあたって和に基づいた人の道による静かな文明の基礎付けに少しでも近づきたいと考える。

［8］ 廣井勇の小樽築港の責務

廣井勇は多くの業績があるが、小樽港築港も1つの大きな功績である。1897（明治30）年より開始された小樽築港工事は、11年の歳月をかけ、第一期工事でおよそ1 300 m の防波堤を完成させた。開始当時政府は野蒜築港の被災と放棄による失敗、横浜港のコンクリートのひび割れによる失敗などによって大規模築港工事は躊躇するものがあった。

廣井は外国の文献を調査し、コンクリートに火山灰を混入することによってコンクリートが安定すること、締固めを十分に行い、緻密なコンクリートをつくり、また水セメント比を少なくして、できるだけ強度を向上させている。このため多くの種類の実験をテストピースで行い、また100年間およびその以後もコンクリートの強度、性状を知るための膨大なテストピースを残している。長年月かかる工事に対して何か不都合が起これば、直に材料などを変えることができるように万全の体制を取っている。これはリスク管理の基本である。

■小樽築港に命をかける

多くの資金をかけた防波堤が100年以上保つように、多くの実験を行い、また破損が起きた場合にコンクリートを取り替えられるようにしている。

100年以上実験できるように供試体をつくり、試験を継続させている。責任感が強い、研究熱心であるとの言葉も使えるが、むしろ将来に向けてこの防波堤が損傷を受けた場合どうするのかというリスク管理、リスクマネジメントという技術に対する高い倫理観を感じる。港湾修築は国家にとって重大な事業であり、百年にわたって誤りがないよう慎重かつ周到に計画を立てなければならない。「技術者の千年にわたる誉れとはずかしめは設計の良否にかかっている」と明言している。

関係者の話では小樽築港工事の際などは自から人夫とともにバラック小屋に起居して工事一切を監督されていた。早朝5時半頃現場に行くと先生は作業服に身を固め、コンクリート研究室からニコニコ笑いながら出てくるのであった。大しけのあった日、早朝4時頃に現場に行くと、先生は全身濡れねずみになって焚火にあたりながら微笑み「Aさん、あんたのところのセメントが良かったので、大しけもたいしたことはありませんでした」と述べたという。

明治32年12月防波堤の延長が2百間に達した頃、突然防風がおそってきて、残ったものはでき上がった防波堤と積畳機のみ。ますます風浪が強まり、防波堤が破壊されると、万事休しと当惑しきり、もしそうなったならば「断然一命を以って自分の不明を謝すほかないと思い定めた」と廣井はピストルを所持し死を覚悟した。昔から工事の失敗の責任を一身に負った人々のことなどを回顧し、自分もやがてその数に入らなければならないのかと思った、とある。

親友の内村鑑三は、廣井の告別式で「……君は其生涯において大工事を数多成就されましたが、それが為に君自身に得しところは算ふるに足りませんでした。……廣井君在りて明治大正の日本は清きエンジニアーを持ちました」と弔辞を献した。この国難に対して、このように少しでも命をかける人がいるに違いない。

［9］ 青山士——技術倫理、人類、国のため

青山士（あおやま　あきら）は、明治13年9月23日磐田市に生まれ、東京帝国大学土木工学科を卒業した。高等学校時代内村鑑三の門下生となり、内村は青山の人格形成に大きな影響を与え、廣井勇を紹介している。卒業後パナマ運河の建設を志し、廣井から渡されたバア教授（米国土木学会の重鎮）の紹介状を持って、下級測量員として採用されている。7年後の1910年に設計技師に昇格、Excellent Transit Manとしてゴールドメダルを授与されている。

その後反日運動が高まり、帰国し、内務省に入る。川の工事に大きな業績を残す。

「技術は組織ではなく、人である」

大河津分水稼働堰には記念碑が建てられ、日本語とエスペラント語により

「萬象ニ天意ヲ覚ル者ハ幸ナリ」

「人類ノ為メ、国ノ為メ」

と記されている（**図-1.11**）。

土木学会会長になってCivil Engineeringを「文化技術」と訳し、社会の進歩発展に文化技術が重要であるかを述べている。会長退任後、委員長となり「エンジニア・エシックスの制定」を取り上げている。土木学会は

図-1.11　青山士記念碑（大河津分水稼働堰）

昭和13年「土木技術者の信条および実践要綱」を発表し、青山の意向が強く反映されて、格調高い文章となっている。

[土木技術者の信条]（1938（昭和13）年3月土木学会制定）

1. 土木技術者は国運の進展ならびに人類の福祉増進に貢献すべし。
2. 土木技術者は技術の進歩向上に努め、ひろくその真価を発揮すべし。
3. 土木技術者は常に真摯なる態度を持し、徳義と名誉を重んずべし。

これらは[土木技術者の倫理規定(基本認識)](1999年5月土木学会制定)に引き継がれる。しかし、時代は大きく変化し、技術力の拡大と多様化とともに、それが自然および社会に与える影響もまた複雑化し、増大するに至った。土木技術者はその事実を深く認識し、技術の行使にあたって常に自己を律する姿勢を堅持しなければならないとしている。また、現代の世代は未来の世代の生存条件を保証する責務があり、自然と人間を共生させる環境の創造と保存は、土木技術者にとって光栄ある使命であるとしている。この改訂は青山らの見識を誇りとし、それを引き継ぎ、さらに未来の世代への責務について述べているものである。

国難の時にあたって深くこの認識を新たにする。

まとめ——新しき人を求める扉

古代から倫理をもって人づくり国づくりを行ってきた。科学技術の負の遺産が蓄積し、また大きな災害も予想される。倫理、技術倫理は先のこと、将来のこと、これからの子供達のことを考えて、リスクを小さくし、豊かな将来をつくることを目指す。

国難の時を向え、心ある人は何かをしようと待っている。何か自分の進む道を探している。南北戦争が始まるとクラーク博士はアマースト大学の教授でありながら、学生らと義勇軍を立ち上げ、戦局不利と聞くと一人、第21義勇軍連隊に少佐として加わっている。大佐にまでなっている。その後マサチューセッツ農科大学の学長でありながら、原始の森の札幌農学校に来るとは驚愕に値する。

明治の新しい日本の学生に自分の南北戦争の体験を通して、自分の意志に従って道を進める大切さを語ったに違いない。影響を受けた内村鑑三は思想家として多くの文部大臣、総長、文学家らを育てている。新渡戸稲造は「太平洋の橋になりたいから」と国際連盟事務次長として働き「武士道」も出版している。工学では廣井勇、その影響を受けた青山士がいる。クラーク博士が掲げた倫理の輪は大きく拡がった。

クラーク博士が南北戦争の国難において、自分の意志に従って進む重要さを語ったように、一人ひとりがこれまで日本の内で国難の始まりと思われる体験をNETで語り、これを協力、支援しながら皆で方向性を探る。これを新しき人を求める扉とする。

◎引用・参考文献

1）冨澤幸一提供
2）Jochen Stark・Bernd Wicht 著，杉山隆文監訳：コンクリートの耐久性，技報堂出版，p.1，2018.8
3）茂木健一郎：心を生みだす脳のシステム，日本放送出版協会，p.34，2007.2
4）新田孝彦ほか：科学技術倫理を学ぶ人のために，世界思想社，p.3，2005.7
5）セメント・コンクリート，セメント協会，No.848，p.21，Oct.2017
6）原田正純：水俣病，岩波新書，p.51，2004
7）原田正純：公害と国民の健康，ジュリスト，548号，有斐閣，p.129，1973
8）矢吹紀人：水俣病の真実，大月書店，p.14，2005
9）http://www.15.ocn.ne.jp/~aoisora5/4daikougai.html
10）原田正純：水俣病，岩波新書，p.156，2004
11）総務省：世論調査報告書（平成18年10月調査），国民生活に関する世論調査 平成18年版，心の豊かさ・物の豊かさ
12）シン技術コンサルタント：CD提供
13）矢内原忠雄：大学と社会，東京大学出版会，p.91，1952
14）ジョン・エム・マキ著，高久真一訳：W.S. クラーク，北海道大学出版会，p.69，2006.2
15）ジョン・エム・マキ著，高久真一訳：W.S. クラーク，北海道大学出版会，p.277，2006.2

第2章 技術倫理の継承

2.1 技術倫理教育の基本——若手技術者・学生に向けて

[1] 技術多様化に対する倫理観

■公衆が求める倫理

社会は文明や文化の変化とともに、技術に対する価値観のとらえ方も複雑化する。これは1つのモノをつくる際に必要な技術そのものが細分化され、それぞれの技術者がその道の専門家となる傾向にあるためである。またその技術を活用する公衆の要求の多様性も一因と考えられる。ただ科学技術が如何に進化しようとも、技術者には守るべき共通の認識がある。その際に、厳守すべきルール規定がすべての人にあてはまるものが法（low）と倫理（ethics）である。この2つは人が実生活をする上で欠かせないものであって、法は強制力・禁止力を持ち、罰により姿勢を正すものであり、倫理は法だけでは不十分なところを補い、人の心に内在する良識・良心に働きかけ自律性を促すものである。

倫理と似た意味合いで使われる言葉に、道徳（moral）がある。日本人は道徳の方がなじみ深いと思われるが、倫理は道徳よりも言葉の起源は

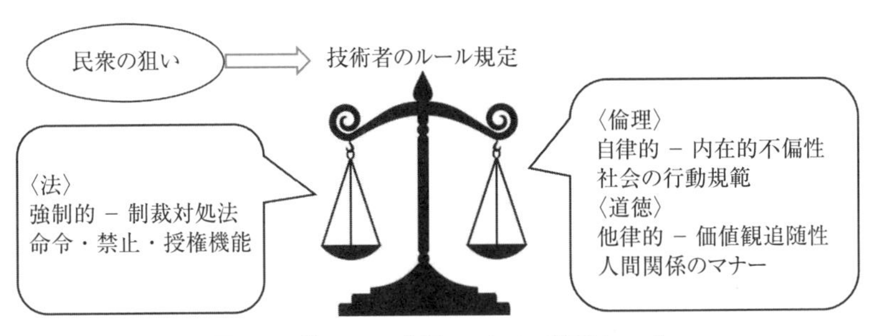

図 -2.1　法 (low)・倫理 (ethics)・道徳 (moral)

古く、すでに古代中国・周末期の書物である礼記[1]の中に示されており、社会生活の行動規範とされる。道徳は人間関係の規律であり、やや権威的に与えられる他律的な側面を持ち、倫理は実社会活動でして良いこと・悪いことの社会的に統一されたルールと解釈される。ただし、倫理・道徳の両者は人が生きていくための戒めであり、人格形成を目指す指標でもある。

技術者は、煩雑な価値観の社会において、技術を行使する際に上記の法・倫理・道徳を実践的に認識することが重要となる（**図 -2.1**）。特に技術者は、社会行動の規範である倫理観の堅持を心掛け、公衆の信頼を得るための科学技術の発展に対する真摯な取組みが必須と考えるべきである。

■技術多様性と技術倫理実践

技術者は、科学技術が多様化しているため単に専門の工学的な知識だけでなく、適正に技術を実践するために、技術者間の共通認識である技術倫理を体得する必要がある。つまり、技術は安全性・社会性・経済性の制約あるいは個人・組織・第三者の視点など、多様性を見定め実践することが求められる。技術発展による便利さを求めすぎ個人の利己心が先行しすぎた場合に、それによるリスクが拡大し、残念ながら規制ルールが後追いの状況となる。万学の祖であるアリストテレス(紀元前 384- 紀元前 322 年)[2]は、「工学的倫理は厳密でない多義性を持つ」と述べた。技術そのものだけでなく環境倫理・企業倫理・情報倫理・世代間倫理など多くの課題が山積している。そのような実情に対して、技術者は正しい判断を導くことが求められているのである。そのためには、技術者は謙虚に志を持って技術倫理を体得し、自我で失念しがちな倫理観を取り戻すべきであろう。

例えば、世代間倫理は将来世代の生存に対する責任・義務と定義されているが、過去や未来人と会話できないジレンマがあり、このような技術倫理の課題に対して技術者が個々に対応するのは困難である。個人だけでは解決が無理な世代間倫理のような課題に対しては、技術者は立場や権威に捉われず徹底的に議論し他の技術者と合意形成を図ることで解決を導き、共有することが重要となる。技術者はもっと声を出すべきではないだろうか。不正に気づいても、あるいは知っていても、何ら対処しないのであれば技術者失格であり、知っていながらの黙認は時に罪となる。言うまでもなく、技術倫理は単なる学習や知識のみで留めるのではなく、本質を見極め実践しなければ効力はない。

図 -2.2 技術者の覚悟 [3]

古くはヨーロッパで、橋梁の設計技術者は橋が完成して荷重試験が行われる間、その橋梁の下に立つことを要求され進んで受け入れたという[3]（**図 -2.2**）。日本だけでなく、技術者の責任は旧来より世界共通である。技術者の覚悟と誇りある言動が望まれていると考える。

［2］ 新技術への倫理対応――ロボットと人の責任・覚悟

技術発展により、技術倫理やその規定を人工知能 AI の活用により体系化することができないかという議論がある。多分、AI は大量のデータの蓄積の整理からほぼ妥当な規定はつくるだろうが、その最終評価・判断は人でなければできない。技術倫理の無視は技術者の誇りを投げ出すことになる。技術者が考えることをやめてしまえば緊急時に公衆はどうすればよいのか、他者を重んじる人としての感性すらも切り捨てることにならないだろうか。そのヒントとなる興味深いものに、1950 年アイザック・アシモフの SF 小説のロボット三原則[4]がある（**図 -2.3**）。

第一条：ロボットは人間に危害を加えてはならない。また人間が危害を受けるのを何も手を下さずに黙視していてはならない。	
第二条：ロボットは人間の命令に従わなくてはならない。ただし第一条に反する命令はこの限りではない。	
第三条：ロボットは自らの存在を護（まも）らなくてはならない。ただし、それは第一条、第二条に違反しない場合に限る。	

図 -2.3 ロボット三原則 [4]

これは法律ではなく架空の法則であり、罰則規定もない。倫理体系の基本的な指導原則であり、一種の良心回路と言える。アシモフは、この議論に対して 1985 年に三原則が内包する深刻な問題点と指摘されていた部分を補うため「第零条　ロボットは人類に対して危害を加えてはならない。またその危機を看過してはならない。」と追記した。この原則は仮想ではあるが、現実のロボット工学の分野では、安全性の基本的な考え方として扱われている。ロボットや新たな機械などを扱う際の倫理やリスクの検討は課題ではあるが、例えば AI はハードや社会システムなどの領域では必要であっても、技術者の適正判断を内心に委ねる倫理分野に適用させるには無理があると考えられる。

以上より、如何に時代が変遷し公衆の社会生活や価値観が多様化しようとも、新技術を含めた科学技術の活用と発展において、堅持すべき技術倫理は古来より普遍であるべきと断言する。すなわち、高い志を持った責任・覚悟を根底とする技術者の倫理観は未来永劫に共有すべきものなのである。

2.2 技術倫理規定の概論

[1] 倫理規定の意義

■技術規定の成立ち―― With Up 共に研鑽

本来、人が利己のみだけを求めず適正な社会的行動をすれば倫理規定は不要である。ただし残念ながら、現代においても With Up つまり他者とともに切磋琢磨し、精神的向上を目指す対応が喪失しがちであると危惧する。技術倫理は技術を実践するための技術者の真摯な姿勢を求める。この積極的思考を、技術倫理ではクリティカル・シンキングとして重視する。技術倫理は正しい技術実践を目指すことが目的であり、犯人探しであってはならない。ただし、不正を見つけても行動しなければ何ら解決にはならない。

古代ギリシャの哲学者プラトン（紀元前 427- 紀元前 347 年）[5] は「不正はお互いの間に不和と憎しみをつくり、正義は協調と友愛をつくり出す」

と述べている。技術倫理は自律性を促すものでもあって、律する心は人が本来生まれながらに持っているとすれば、本来規定化するべきものではない。そのため倫理規定は、当初はあくまでも技術者個人が専門職としての技術者間の相互のつながりを持つためのグループ間の暗黙のルールとして成立した。

しかし、科学技術が発展し人々の生活が多様化する中で、技術実践において技術者間のみでなく、技術を利用する公衆をも守る社会的な義務および責任を負うものとして、技術者が共有するべき規定として技術倫理が確立してきたのである。技術倫理は技術者のプロフェショナルとしての意識向上や尊厳も当然の主旨となる。

■日本の倫理規定の始まり

日本の工学の技術倫理の先駆けは、1938（昭和13）年に土木学会が制定した技術者の信条および実践要綱である。戦争時の混沌した時勢での要綱策定は、その前文より先人の技術を全うする強い意志と決意に感銘する。要綱では「土木技術者は土木が有する社会および自然との深慮な関わりを認識し、品位と名誉を重んじ、技術の進歩ならびに知の深化および総合化に努め、国民および国家の安寧と繁栄、人類の福利とその持続的発展に、知徳をもって貢献する」とある。美辞麗句の羅列だけでない、技術者の覚悟に敬服すべき規定である（事項に示す）。

古くは、土木は劣悪な自然環境下の公衆を救済するために、土を積み（築土）・木を組み（構木）暮らしを支えてきたと中国古典の准南子[6]に記されているのが起源である。まさに公衆のための「土木工学 Civil Engineering」である。

かつて、日本人は質素・倹約・質実剛健を旨としてきた。技術者は知識だけではなく、古人の強い意志と誇りを受け継ぎ、未来に伝承する義務があると是非再認識すべきである。技術倫理では、それらの文化を保持・伝承することも大きな役割としており、技術者は適正な技術的志向も共有すべきなのである。つまり技術倫理は、ある意味において、古くからある礼節を重んじ隣人を思いやることを切望する社会秩序と換言しても良い。

［2］ 現在の技術倫理規定

■土木学会倫理規定（倫理用要綱・行動規範）

土木学会における土木技術者の倫理規定[7]は、時代背景にあわせ1999(平成11）年と2014（平成26）年に改訂されたが、先人の当初からの強い志は何ら変わるものではない（**表-2.1**）。特に創立100周年を迎えたのを契機に、以下に示す土木技術者の倫理要綱・行動規範として、広く公開されている。是非、我々はその意志を継承し次世代に伝承しなければならない。

この1938年の土木学会の倫理要綱を根源に、1951年に日本技術士会、1996年に情報処理学会、1998年に電気学会、1999年に日本建築学会・日本機械学会など他の工学系学会や各機関で技術倫理規定や要綱が策定された。

これらは、技術者の実務における堅持すべき倫理観と社会貢献を理念とすることで共通する。技術倫理を法のように明文化されることに疑義の意見があるが、技術は個人・組織の利益のみのために実践ではなく、公衆を守り集団的意思結束を求めていると考えれば納得できる。技術者は工学的な知識はもちろん、何より誠実でなければならない。イギリスの歴史家トーマス・カーライル[8]（1795-1916年）は「人生の目的は行為にして思想にあらず」と断言した。非常に重い言葉である。

■日本技術士会倫理要綱と日本技術者教育認定機構（JABEE）

日本においては、2005年より国際化を考慮し、日本技術者教育認定機構（JABEE）[9]の認定によって、技術士取得のためのステップである修習技術者になるための倫理教育を実施している工学系大学や工業高等専門学校が数多くある。以下に、参考として日本技術士会の現行の技術士倫理要綱[10]を示す（**表-2.2**）。これは世界に通用する真の技術者育成を目指すためのものである。同時に、技術者が社会に渦巻く倫理的ジレンマに適正に対峙することを求めているものと考える。

各種の技術倫理規定は、技術者が技術を実践するうえで守るべき重要なものである。なぜならば、技術者は自分の意志にかかわらず一定の権限と義務の両方を持つことになり、倫理規定の解釈しだいでは、技術は「諸刃

表-2.1　土木学会　技術者の倫理規定 [7]

土木技術者の倫理規定

平成11年5月7日　制定
平成26年5月9日　改定

倫理綱領

土木技術者は、土木が有する社会および自然との深遠な関わりを認識し、品位と名誉を重んじ、技術の進歩ならびに知の深化および総合化に努め、国民および国家の安寧と繁栄、人類の福利とその持続的発展に、知徳をもって貢献する。

行動規範

土木技術者は、

1．（社会への貢献）
公衆の安寧および社会の発展を常に念頭におき、専門的知識および経験を活用して、総合的見地から公共的諸課題を解決し、社会に貢献する。

2．（自然および文明・文化の尊重）
人類の生存と発展に不可欠な自然ならびに多様な文明および文化を尊重する。

3．（社会安全と減災）
専門家のみならず公衆としての視点を持ち、技術で実現できる範囲とその限界を社会と共有し、専門を超えた幅広い分野連携のもとに、公衆の生命および財産を守るために尽力する。

4．（職務における責任）
自己の職務の社会的意義と役割を認識し、その責任を果たす。

5．（誠実義務および利益相反の回避）
公衆、事業の依頼者、自己の属する組織および自身に対して公正、不偏な態度を保ち、誠実に職務を遂行するとともに，利益相反の回避に努める。

6．（情報公開および社会との対話）
職務遂行にあたって、専門的知見および公益に資する情報を積極的に公開し、社会との対話を尊重する。

7．（成果の公表）
事実に基づく客観性および他者の知的成果を尊重し、信念と良心にしたがって、論文および報告等による新たな知見の公表および政策提言を行い、専門家および公衆との共有に努める。

8．（自己研鑽および人材育成）
自己の徳目、教養および専門的能力の向上をはかり、技術の進歩に努めるとともに学理および実理の研究に励み、自己の人格、知識および経験を活用して人材を育成する。

9．（規範の遵守）
法律、条例、規則等の拠って立つ理念を十分に理解して職務を行い、清廉を旨とし、率先して社会規範を遵守し、社会や技術等の変化に応じてその改善に努める。

の剣」にもなり得るからである。技術者が守るのは規定ではなく、適正な技術行使とその影響を受ける公衆である。なおこの際の公衆とは、社会全体の人々と考えれば技術者も含まれることになるが、技術倫理では、公衆を技術者と区分し、技術的サービスを受容する技術的知識のない影響者と

表-2.2　日本技術士会　技術士倫理要綱 [10)]

【前文】

技術士は、科学技術が社会や環境に重大な影響を与えることを十分に認識し、業務の履行を通して持続可能な社会の実現に貢献する。技術士は、その使命を全うするため、技術士としての品位の向上に努め、技術の研鑽に励み、国際的な視野に立ってこの倫理綱領を遵守し、公正・誠実に行動する。

【基本綱領】

（公衆の利益の優先）

1. 技術士は、公衆の安全、健康及び福利を最優先に考慮する。

（持続可能性の確保）

2. 技術士は、地球環境の保全等、将来世代にわたる社会の持続可能性の確保に努める。

（有能性の重視）

3. 技術士は、自分の力量が及ぶ範囲の業務を行い、確信のない業務には携わらない。

（真実性の確保）

4. 技術士は、報告、説明又は発表を、客観的でかつ事実に基づいた情報を用いて行う。

（公正かつ誠実な履行）

5. 技術士は、公正な分析と判断に基づき、託された業務を誠実に履行する。

（秘密の保持）

6. 技術士は、業務上知り得た秘密を、正当な理由がなく他に漏らしたり、転用したりしない。

（信用の保持）

7. 技術士は、品位を保持し、欺瞞的な行為、不当な報酬の授受等、信用を失うような行為をしない。

（相互の協力）

8. 技術士は、相互に信頼し、相手の立場を尊重して協力するように努める。

（法規の遵守等）

9. 技術士は、業務の対象となる地域の法規を遵守し、文化的価値を尊重する。

（継続研鑽）

10. 技術士は、常に専門技術の力量並びに技術と社会が接する領域の知識を高めるとともに、人材育成に努める。

定義されている。

そのため技術倫理規定は、社会が変化し如何に多様化しても、その根底にあるのは人として必ず守らなければならない社会秩序、つまり不文律「Unwritten Rules」と考えるべきであろう。

［3］ 相反回避——倫理規定のジレンマ

土木学会と日本技術士会の２つの技術倫理要綱を例示したが、規定文を対比するといくつかの技術的な相反がみえる。相反とは、例えば実社会の事例では、プライバシー保護と防犯カメラを考えればわかりやすいかもしれない。これらの議論に対して、土木学会倫理規定では、誠実業務および利益相反の回避を行動規範として明文化している。しかしながら、業務状況や内容によっては、秘密保持（秘守義務）と知見･情報公開（説明責任）、業務の誠実な履行（組織）と自己の知識および経験（個人）などは技術的な相反ジレンマとなり得る可能性がある（**図 -2.4**）。

例えば、土木工学は自然を破壊してきたという意見がある。果たしてすべてがそうであろうか。議論は必要ではあるが、防災技術により災害に対して自然を改善し、時に社会環境や人命を守ってきたと自負しても良いのではないだろうか。

旧土木学会倫理規定には､「人種､宗教､性､年齢に拘わらず､あらゆる人々を公平に扱う」とあったが、改定された規定では「多様な文明および文化を尊重する」と記述が変更された。これは、人の平等性は常識的な基本概念であるからに他ならない。しかし、時に差別や格差などの人種・人権問題が適正な技術倫理の実践を阻害することがあり得ることについても、技術者は肝に銘じるべきである。

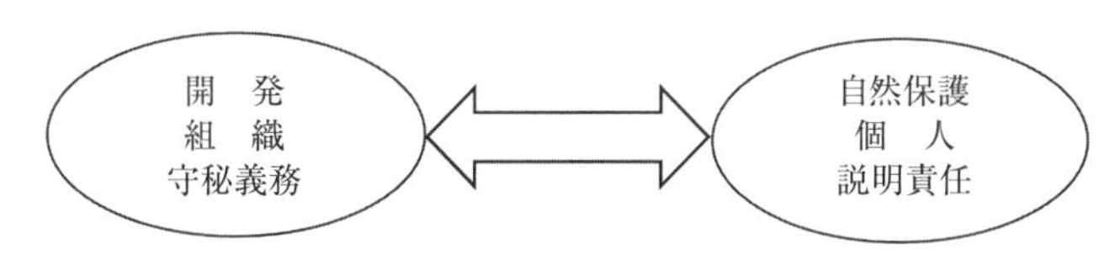

図 -2.4　技術者の相反ジレンマ事例

［4］ 倫理規定の必要性——規定の再認識

技術倫理規定を改めて再考すれば、その堅持の必要性は当然重要であることがわかる。ただし、技術者は倫理規定を単に守っていれば何をしても良いという考え方は危険であり、ペーパーテストのために規定を暗記しても倫理的実践が伴わなければ意味がない。

相反問題には、時に綺麗ごとや工学知識のみでは解決が不可能な場合があるであろう。しかし、たとえジレンマの壁があったとしても、各人が知恵を出し合えば必ず技術的課題は超克できるはずである。そのためには技術倫理規定の本質を理解し、技術者間で意志共有を図ることを重視すべきである。倫理は法律と違い罰則がないからといって倫理観を軽視・放棄することは、技術者の尊厳を自ら切り捨てることになる。そのことで、本人はその後に社会生活ができなくなる可能性もある取返しのつかない信用失墜という大きな代償となるであろうし、工学そのものの崩壊につながると深慮すべきである。また、倫理的に信頼される技術を実践するため、謙虚な姿勢も必要なのである。フランスの合理主義哲学の祖であるルネ・デカルト（1596-1650年）[11]は「良識はこの世で公平に配分されているものである」と述べている。技術者は、良識としての倫理観を失ってはならない。

つまり、技術実践は公衆のためにあるべきで、その上で技術倫理規定を適正に遵守することが技術者自らの自覚・尊厳に通ずると総括される。

2.3 倫理の原点

［1］ 古代文明と倫理的宗教

■黄金律

倫理の原点は、古代文明からある代表的規範である黄金律（Golden Rule）と考えることができる。黄金律とは、「他人から自分にしてもらいたいと思うような行為を人に対してせよ」という倫理学的言明のことであり、古くは古典的宗教や先人の教えからも多く見いだせる。逆に「他者の嫌がることはするな」という意味でもある。技術倫理を体得する上で重要なことであり、技術者が社会人として共有すべき認識を多く包含している。技術者が目指すべき将来的理想の人物像のために、参考として世界的に知られているその主要ないくつかを示す。

覇をなしたいくつかの古代文明には、共通した以下の黄金律がある。我々技術者、あるいは技術者を目指す若者は、是非深慮すべきであろう。

エジプト文明——他人のために良かれと自ら望んだ事を探し求め、してあげなさい。

ペルシャ文明——あなたが人からしてもらいたいことを、人にしてあげなさい。

ギリシャ文明——隣人から敵意を抱かせるようなことをしてはいけない。

ローマ文明——すべての人の心に刻みこんでおかなければならない法律とは、あなた自身の社会の人たちを愛することである。

これらから文明が発展した背景には権力者の存在だけでなく、社会生活の中で他者を敬う民意があったからこそであろう。現在でも通ずる教えである。

倫理的宗教としてキリスト教やイスラム教などがあり、日本では古くから仏教・神道がある。各宗教の技術倫理にも共通する規律的戒めに注目してほしい。

キリスト教——あなたたちが人にしてもらいたいと思うことを、次にもやりなさい。

イスラム教——自らのために浴する如くその兄弟のために浴さなければ真の宗教者ではない。

仏　　教——君を苦しめる他人を憎むな。

各事項は深い意味合いを持ち、それぞれの原理原則である他者への尊重は、現代社会でも人が生きる上で同様と解釈できる。キリスト教では聖書のモーゼが授かった「十戒」[12)] が知られているが、これは人間生活全般の倫理として、黄金律よりもさらに広く西洋に存在してきた（**図 -2.5**）。この前半第1～4までは、ユダヤ教とキリスト教とが密接に結びついた人

第1. 神の外に神ありと思う勿れ
第2. 偶像の前に膝を屈す勿れ
第3. 神の名をむなしうる勿れ
第4. 礼拝の日を穢す勿れ
第5. 汝の父母を敬せよ
第6. 人を殺す勿れ
第7. 戯れたる言行思想を避けよ
第8. 貧賤なりといえども盗む勿れ
第9. 故さらに偽るなかれ、また詐を好む勿れ
第10. 他人のものを貪る勿れ

モーゼ像
(1638年 ホセ・テ・リベーラ作)

図-2.5 キリスト教 十戒 [12)]

の関係であるが、後半第5～10が人と人の関係つまり社会規範である。キリスト教とイスラム教の出発点となる聖典は同じ旧約聖書であり、いずれも愛を説いている。仏教は、知る限り愛ではなく慈悲を説く。これは愛が自我の固執や執着となることを避けるとされている。

［2］ 先人に学ぶ

■故事と教訓

日本へは古代中国の儒教が伝わり、例えば孟子の「五輪」[13)]では親・義・別・序・信の価値評価を示している（**図-2.6**）。これも、技術倫理体得に参考となる。日本の偉大な教育者および思想家である福沢諭吉（1935-1901年）[14)]は、これを伝承する意図で人のあるべき姿として「心訓七則」[15)]を表した（**図-2.7**）。シンプルな文章に共感する日本人は多いはずである。

儒教 五輪 孟子
（前372 － 289）

第1. 父子親あり
第2. 君臣義あり
第3. 夫婦別あり
第4. 長幼序あり
第5. 朋友信あり

図-2.6 孟子 五輪 [13)]

いずれも古典ではあるが先人の労苦と覚悟に敬服し、他者を重んじるその教えは技術者としても真摯に見習いたい。これらは、技術者共通の価値基準であって倫理規定の原点とも言える。他の倫理的宗教や哲学にも、技術倫理の体得に役立つものがあるため、一読されたい。

図 -2.7　福沢諭吉[15)]

心訓七則[16)]

一、世の中で一番楽しく立派な事、一生涯を貫く仕事を持つという事です。
二、世の中で一番みじめな事は、人間として教養のない事です。
三、世の中で一番さびしい事は、する仕事のない事です。
四、世の中で一番みにくい事は、他人の生活をうらやむ事です。
五、世の中で一番尊い事は、人の為に奉仕して決して恩にきせない事です。
六、世の中で一番美しい事は、全ての物に愛情を持つ事です。
七、世の中で一番悲しい事は、うそをつく事です。

■内在する共有観

人は一人では生きていけない。つまり、他人との関りなしに社会生活は成立しないのである。ただ時に、人はその対人関係に苦悶し疲弊することも多分にある。その際は、他者を少しでも重んじる事ができれば倫理観は成熟する。したがって、技術者は社会人として他者と良い関係を築くことで適正な技術が実践できるはずである。そのこと無しに技術の発展は有り得ないと考えても良いであろう。そのため、技術倫理を体得し実践する上で、時に古典や先人に学ぶ真摯な姿勢を持つべきである。

良い行いは当然であるとして、非常に難しいことではあるが陰徳を積み実践する、すなわち「一隅を照らす技術者」で有りたいものである。

現況において、何故、技術者に倫理の必要性がクローズアップされているかを考えてほしい。確かに貧困や差別・格差などが犯罪・不祥事の温床の１つではあろうが、やはり孤立や逆に間違った全体主義への埋没が大きな要因と考える。したがって、悪質な事象を単に社会背景と諦めるのではなく、技術者自らが率先しそれらを排除するため、倫理の原理原則である古典的黄金律を再認すべきである。それは、人に生まれながらに必ず内在する自律性・誠実性・公平性を、技術者各人が共有すべき倫理観として今一度想起することを望むからに他ならない。

［3］ 日本の武士道——人間の品性

技術者は工学的な専門者であるべきという考え方が定着し、知識の詰め込み教育に終始をしてきてはいないだろうか。これまでに教育者や先達技術者は、理想の技術者像のあり方や技術者の人格形成としての技術倫理に、あまり光を当てってこなかったことは残念ながら厳然たる事実である。

古人の意志を引き継ぎ「日本と海外の架け橋」を目指した新渡戸稲造(1862-1933年)[16)]は、1900年に日本人の和といつくみを考察し、「武士道」[17)]を書いている（図-2.8)。これには、仏教・神道・儒教の影響を受け継ぐべく技術者の実践時の心構えとして、大いに参考となる事柄が多く記載されている。武士道は新渡戸稲造が日本人の観念を聞かれ、その返答として苦悶し英文で記述したものである。そのため、訳者により部分的に解釈に異なる点はある。例えば、「葉隠」[24)]に書かれている「武士道とは死ぬことと見つけたり」の死に急ぐ教えと、新渡戸が求めた武士道から学ぶべき真の生き方と同様に解釈するのは、大きな誤解・歪曲である。武士道に記載された、生きる上で重んじるべきは義・勇・仁・礼・誠・名誉・忠義という7つの徳（精神）は、日本人であれば同意できることは明らかであろうし、一言で言えば人としての品性を説いている。この品性は技術者としても重要であると我々は認識したい。

新渡戸は、日本人の正義を形成しているのは「武士道」と断言する。日本の象徴とも言える鮮やかな桜に勝るとも劣らない武士道の気骨ある高潔な精神力こそが、侍に限らず日本人全体の憧れであるとし人の心に強く訴えている。武士道の根底には、潔さともいえる志・魂が伺える。それは同時に、持続的で永続すべきことを誰もが願う美徳である。美徳は品性と同様に技術者が是非体得すべきことと強調したい。技術者は、「武士道」から自己や組織の利益のみを優先せず、公衆を置きざりにしない日本人の正義感を学び取る必要がある。

図-2.8　新渡戸稲造　武士道[16)、17)]

そのためにこそ、ある種の義務と権限を持たざるを得ない専門職である技術者は、高貴なるものの義務、つまりノブレス･オブリージュや潔いフェアープレー精神を堅持すべきである。

「武士道」は成文法ではないが、技術者が守るべきものは自我ではなく人命や培ってきた技術とその継承であり、それらを我々は今一度自問自答すべき大局にあると考える。武士道にある「恥をしれ」といわれる振る舞いは、特に覚悟を持って工学を実践すべき技術者はしてはならないのである。

［4］ 民衆の心の時流

■恥の文化

武士道精神とはやや異なるが、ルース・ベネディクト[19]は欧米の罪の文化に対して、日本人は恥の文化を持つと「菊と刀」に記載されている。これは、キリスト教文明の欧米では、行動の規範には宗教の戒律があり、神の戒律に反すれば強い罪の意識が支配するのと異なり、多神教の日本では神や仏への意識よりも、世間の目つまり恥を強く重んじるという考え方である。

これは必ずしも悪いことではなく、狭い国土の日本では古くから多くの人民は助け合って生活していく必要があったために、義を重んじ情を大切にする民度を持ち、時として大義のために自らの損得を顧みないという思想は、他者のためと考える技術倫理実践につながるとも言える。つまり、日本人が古くから持つ助け合いの精神である。

一方で、この恥の文化は、その行為が正しいかどうかよりも、世間の目を気にすることが優先されてしまうケースが強くあるために、悪い事象の誘発に成りかねない側面を持つとも懸念される。それが組織的な不正関与、企業ぐるみの隠蔽などへの誘発であり、技術倫理を習得する上での教訓になっていると考えるべきである。確かに個人の力は小さいかもしれないが、正しい技術実践の共有観を持った技術者集団・組織であれば、なんら怯むことなく、良い技術を行使できるはずである。是非、我々技術者は再考すべきである。

■嫋やかな民度・心の流れ

技術倫理とは直接関係しないが、日本民族は古来より「かなし」という言葉を持つ。これは愁とやや近い意味合いと考えられるが、日本人は倫理的に他者と喜怒哀楽を共感することができる内面的美徳を民度として保有しているためであろう。それに近いものは、世界各国の民族に古くから内在する「心の流れ」として存在している。それぞれを軽々に論じ解説することは難しいが、知るかぎり、英国・ブルー、中国・憂、ロシア・トスカ、ポルトガル・サウダージなどがそれらに相当するのかもしれない。これらの言葉は、国際的にも共通する国民性や倫理観として再認識し、技術者は時に深く思慮したいものである。

技術倫理は、ある意味で勇気ある実践力と定義できるかもしれない。それは正規な倫理観習得が技術者に突き付けられた究極テーマと考えられるためである。したがって、専門職である技術者はその技術力の知識取得は当然のことあるが、工学は実務以外の何物でもないことを忘れてはいけない。技術者としての人格形成、民度を重んじる志向もまた技術倫理の一端であり、そのための日頃からの研鑽は必須である。つまり技術倫理を共通美徳ととらえてはどうであろうか。

2.4 技術倫理問題の解決手法

［1］ 実践的思考法

■クリティカル・シンキング

目指すべき技術者の理想像は明確であっても、実際の実務において技術者は判断に困る種々のトラブルに遭遇し、その解決法に苦慮する場面は数多くにある。特に組織内技術者は、個人の意志とは別の選択を迫られることもあり得る。

教科書・規定の暗記やペーパーテストのみの学習ではなく、適正な実践ありきというのが技術倫理の最大の目標であって、同時に命題でもある。「論語読みの論語知らず」となっては、何ら意味がないといえる。そのためには、解決法に苦慮する壁に遭遇した際は、トラブルをまず倫理的問題であるかどうかを十分に把握し、課題を的確にとらえ同時に仲間と共有する実践的思考法が重要となる。ともすれば解決以前に、その不善を疑問と考えないあるいは無視することがあるとすれば、技術者として大いに問題である。その際に技術倫理では、やや極論ではあるが時にその是非を決めずに、中立を守るという選択も有り得るのかもしれない。

■技術倫理必要性の分岐

技術倫理が注目されているのは、不正防止ばかりが視点ではない。良きに付き悪しき付き技術者は義務と権限を持つからに他ならならず、それは2011（平成23）年3月11日に発生した東北地方太平洋沖地震[20]による安全神話への懸念が分岐点の1つになったと考える（**図-2.9**）。この大災害は、現在の技術力の不安感と同時に、逆に公衆の技術者への大いなる期待と考えるべきであろう。

技術者への期待の3原則は、1. 科学技術の危害抑制、2. 公衆を安全確保、3. 公衆の福利推進であることを、今一度かみしめたい。

技術倫理の学習は仮想問題ではなく、当事者として実課題に遭遇し対処を迫られた経験で得た教訓がなければ体得が難しいのは確かであるが、技術者に限らず、人は日々何らかの選択や決断をして社会生活をしている。

例えば病気になった場合に、患者は自分の命にかかわる治療法の最終的な選択と決定は自らが判断すべきであり、医者は治療法の根拠を説明しそ

図-2.9　東北地方太平洋沖地震 被災状況[20]

の承諾を得ることが現在では義務化（良く知らされた上での同意：インフォームドコンセント）されている。

これらのことからも、技術者は一般論の技術倫理解決法を知ることは重要であろうし、技術者がその手順で意志決定することは、技術者間の意志共有にもつながる。当然その決定事項には説明責任が伴うと考えるべきである。以下に技術倫理の代表的解決法を示す。

［2］意志決定法――セブン・ステップ・ガイドとP・D・C・Aサイクル

技術倫理のケーススタディで良く用いられるものの１つが、マイケル・デービスが提唱するセブン・ステップ・ガイド[21]である。そのセブン・ステップは以下の手順とされており、倫理の意識を働かせて技術的な選択をするための学習法である。これは個々で学習するのではなく、コミュニケーションの観点から集団で意見交換をすることでさらに効果が大きくなる（図-2.10）。

同時にそこから導かれる技術者の倫理的行動の要点は、次の４点となる。

①　モラルの意識（倫理規範）

②　職務上の責任（使命感）

③　専門的知識・経験・能力

④　コミュニティの連携

ステップ①　事実を観察し問題点をつかむ
⇩
ステップ②　関連技術をとらえれる
⇩
ステップ③　関係者を特定する
⇩
ステップ④　複数の選択肢を挙げる
⇩
ステップ⑤　選択肢を査定する
⇩
ステップ⑥　選択肢案を選ぶ
⇩
ステップ⑦　最終の選択肢とその効果

図-2.10　技術倫理学習状況（筆者講義）

やや難しい表現となったため、倫理的観点から行動評価するという意味で、簡潔には以下の６項目のテストを検討するとわかりやすいため、是非その内容を考察・検証して頂きたい。

① 普遍化可能テスト：その行為をもし皆が行ったらどうなるか考える
② 可逆性テスト：その行為によって直接影響を受けるステイクホルダーの立場であっても，同じ意思決定をするかどうか考える
③ 美徳テスト：その行為を頻繁に行った場合，自分（の人間性）はどうなってしまうか考える
④ 危害テスト：結果としてその行為がどのような危害を及ぼすか（あるいは及ぼさないか）考える
⑤ 公開テスト：その行動をとったことがニュースなどで報道されたらどうなるかを考える
⑥ 専門家テスト：その行動をとることは専門家からどのように評価されるか，倫理綱領などを参考に考える

これらの十分な検討から技術倫理解法に沿った行動方針を選択することになるが、トラブルの再発防止に向けた対策について意識することは言うまでもない。

また従来から、技術倫理の意志決定法には次頁の表に示したＰ・Ｄ・Ｃ・Ａステップ（一般的品質管理サイクルの Plan、Do、Check、Action とは異なる）があり、検討の基本的考え方はセブン・ステップ・ガイドとほぼ同様と考えてよい。各Ｐ・Ｄ・Ｃ・Ａステップ（ステップ１・２・３・４）を進めていくためにはモラル意識や倫理観に加えて、想像力や問題認識力・分析・評価力・価値判断力も必要である。これらを心掛けるために大切なことは技術者として自らがかかわる技術が及ぼす社会や公衆などへの影響を、常に当事者意識を持って自律的に志向することである。

そのためには、倫理問題である可能性が少しでもあれば、解決法およびその導く決断は他者とも共有するつまり軽々に自己決定しないということでもあると考えてほしい。

ステップ１：	P（Problem）は問題の認識であり、実際の問題に対して、何が問題や争点となっているのか、また現時点ではそれほどではないが将来的に大きな問題に発展する可能性のあるものはないかなどについて問題・課題の認識に努める。
ステップ２：	D（Detail）は関係事実の整理を行う。これはどのような事実が関係しているのかを、登場人物や事柄、時間、場所といった主要なアイテムに分けて整理してみる。この整理によって、問題が一層明確に意識されることになる。
ステップ３：	C（Check）は、最も重要なステップである。ステップ１とステップ２で明確になった問題の全体像や事実関係の個々のイメージに基づき、倫理規定と真摯に向き合う。関係する倫理規定の条項を抽出することで自らがイメージした問題の全体像や関係事実と倫理規定とが重なり合い、倫理的ジレンマの問題点を明確にさせる。ただし、倫理規定との照合とはモラル意識や倫理観がなければ当然倫理的課題は見出せない事になる。
ステップ４：	A（Action）では、ステップ３の倫理問題の特定で明確になった倫理的課題から抜け出すための具体的行為を考える。

［３］ 一般的決議法

■相反問題

技術倫理課題の解決のための決議法として、以下の検討法が従来から提唱されているので紹介する。

倫理問題を安易な選択・創造的折衷・困難な選択などに分離し決議する方法である。技術倫理では、組織内の技術者の品質・コスト、開発・自然保護等がやや困難な相反問題となるが、人命優先や説明責任により回避できる可能性が大いにあると考えられる（図-2.11）。

■線引き問題

極端には絶対に許せない・ほぼ許せる範囲内のどこに線を引き最終選択するかを検討する決議法である。個々人の価値観や間違った情報に左右されることが多いが、積極的倫理つまり関係者との議論共有で解消すべきである（図-2.12）。

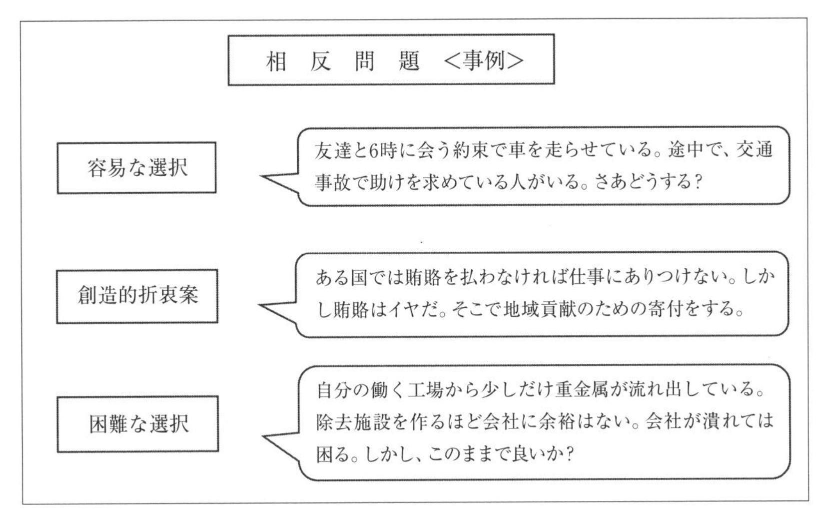

図 -2.11　相反問題　事例

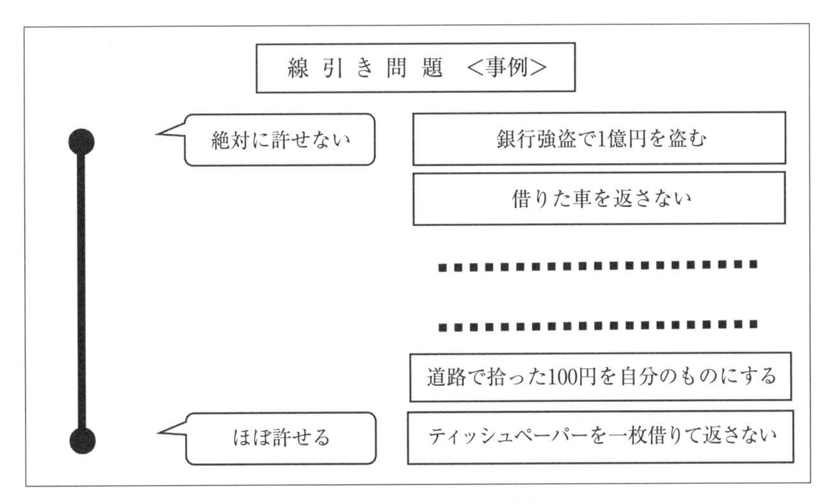

図 -2.12　線引き問題　事例

上記２点が技術倫理ジレンマの代表的決議法であるが、例えば技術の設計不正・データ改ざん等は法的問題のみとして処理せず、法に触れると知りながら何ら行動しなければ技術倫理にかかわると扱うべきである。組織内技術者の倫理的ジレンマは、各個人の意向と相違する利益相反と線引き問題がほぼ大半と考えて良いかもしれない。

［4］ 哲学的・心理学的解法

■功利主義

ジェレミ・ベンサム（1748-1832年）[22]が説いた、「最大多数の人々に幸福をもたらすことを理想」とする倫理である（**図-2.13**）。これは政治的発言で一見少数意見を無視したように受け取られがちであるが、With Upとしては同様と考える。功利主義は3つ（A・B・C）のテストに当てはめ最適判断を導くヒントとしている。

図-2.13　ベンサム[22]

A：行為功利テスト（最も多くの人に最も大きな功利 をもたらす行為とは？）

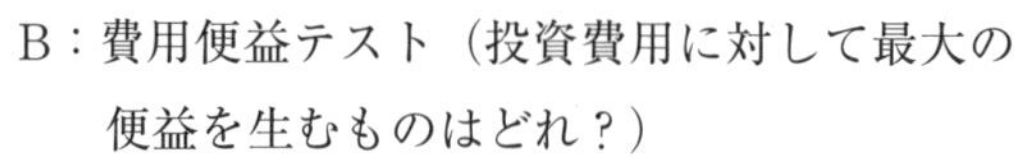

B：費用便益テスト（投資費用に対して最大の便益を生むものはどれ？）

C：規則功利テスト（最も多くの人に最も大きな功利をもたらす規則は？）

A・B・Cの3つのテストを想定される技術倫理の課題に対して、自らの行動を自問自答することは、十分な倫理解決法の学習になるであろう。

■個人尊重主義

ドイツ古典主義哲学者のイマヌエル・カント（1724-1802年）[23]は、「モラルつまり倫理行為者とは自分自身に目的がある人であって、他人の目的または目標を追行する単なる手段として扱われてはならない」という考え方を説いている（**図-2.14**）。つまり他人を尊重した職務上の責務を示したものであり、次の3つ（A・B・C）のテストが決議の要点とされている。

図-2.14　カント[23]

A：黄金律テスト

（自分が相手の立場に立っても、素直に受け入れられる行為か？）

B：自滅テスト

（自分が相手の立場に立っても、素直に受け入れられる行為か？）

C：権利テスト

（対象とする人々にとって、最も権利の侵害が少ないものは何か？）。

いずれも、技術者の倫理問題の解決の参考となるものと考えられる。

ここでは、代表的ないくつかの技術倫理問題の解決手法および決議法を示したが、技術倫理が目指す人命優先や他者との認識共有を重視する点においては共通であり、大きな違いはないと判断される。是非、倫理的問題点を直視し、解決法に沿って技術者自らが訓練してほしい。

4つの一般的技術倫理問題つまりジレンマの解決法を示したが、その原則は、トレードオフの超克つまり技術者のバランス感覚に他ならない。そのためには、複合的な他の技術者および公衆とのコミュニケーションの形成が重要となる。それが、不文律として提唱する「静かなる倫理」と考えるべきである。

［5］ 意志決定法――三原則

最後に、ラッシュワース・M・キダー[24)]が提案した倫理的ジレンマに対する意思決定の3原則を示す。これにより意志決定の普遍性や可逆性が保たれ、正当な決定が導かれるとしている。やや難しい解釈ではあるが、これまでの先達の教えや日本人の魂の記述を思い出して頂きたい。技術倫理問題の解決法は、ジレンマに対する適正な技術実践のための意志共有と同じと考えれば、種々示した技術倫理解決法もこの3原理に結び付くと理解できわかりやすいのではないだろうか。

①　「最も多くの人のためになる一番よいことをする」＝結果に基づく考え方

(ends-based thinking)

②　「最も重要だと思う規範に従う」＝規範に基づく考え方

(rule-based thinking)

③「自分が他人にしてもらいたいことを行う」＝思いやりに基づく考え方
(care-based thinking)

［6］内部告発――ホイッスル・ブローイング

直接的ではないが倫理問題の解決手法の一手段として、内部告発つまりホイッスル・ブローイングがある。この公衆を守る善意・勇気ある公益通報者は法理により、保護されるシステムもすでに構築されている。ただし、これは手段であって、非倫理行為の単なる密告では本質的な解決とはならない。ただ、嫌がらせや軽々な密告ではなく、ホイッスルの名称のとおり、問題が発生しないために大・中・小の笛音により、他者を思いやる心で関係者・組織内への指摘や疑義を知らせることで、技術者間の共有観を持つことはできる。

崩壊した構造物はつくり直せるが、倫理的不正・過失等により不本意に失われた人命は二度と元に戻ることはない。倫理観欠如の代償は大きく、償いようが無いことを改めて技術者は認識し、技術倫理の重要性を深慮すべきである。

2.5 技術倫理テーマの実事例検討

［1］チャレンジャー号事故の警鐘

■技術の本質

1986 年スペース・シャトル・チャレンジャー号事故[25]は、技術倫理の学習で必ず登場する事例である（**図 -2.15**）。これは、この爆破事故を契機として、技術者のジレンマと技術者の多角的な視点が必要なことが明らかになったためと考えられる。当然のことながら、この事故は技術倫理の必要性の大きな教訓となった。是非、理解されたい。

爆破事故の概要やその要因は周知の通りであり、爆破事故によって多くの優秀な飛行士を含めて 7 名の命が失われた。この事故は、技術倫理を個人・組織・安全リスクなどを包含した大きな枠組みでとらえる契機となったともいえる。

実社会では、技術者全員が共通の倫理観を持ち一丸となってプロジェクトを追行することが重要である。ただし、技術行使において、権威や組織の風土・体質あるいは個々の立場により、重大な選択が左右されがちな人の心の弱さが課題となる。残念ながらこの事故は、それらが象徴的にクローズアップされた「人災」と言えるであろう。そのため技術者個人は専門家ではあるが、実務の決定は同時に集団思考で決まるビジネス・エシックスでもあることから、組織は安全文化の潮流としてフール・プルークやフェイル・セーフなどが必須となったのである。

図-2.15　チャレンジャー号事件[25)]

したがって、チャレンジャー号事故により、個人に組織や社会風土が及ぼす影響が多分にあることが改めて浮き彫りなったと判断される。つまりその解釈には複合的な考察が必要ではあるが、安全文化づくりは組織に焦点を合わせるために対策は組織で行うものであったとしても、その組織の意志決定はやはり個人の説明責任になるという、社会的課題が露呈された事象とも考えることができる。

その結果、事故が起こる可能性の丁寧な科学的根拠の説明や他者を動かすことができるコミュニケーション能力も技術者に求められる資質と理解してほしい。たとえ低い確率であっても事故の可能性を搭乗する宇宙飛行士には知らされていなかったという点も、人として大きな問題ではないかと感じざるを得ない。未然に防げたはずの事故であり、非常に残念である。危険性を告発した技術者は別として、取返しのつかない事故の原因者である技術者は社会にもはや居場所はなく、一生懺悔することになる。その技術者の家族も同様であろう。我々は是非肝に命じるべきである。

繰り返すが、スペース・シャトル・チャレンジャー号事故は技術倫理を学習するための最たる事例であるが、複数の倫理観欠如から発生した不幸な事実であって、①技術倫理への警鐘、②倫理観喪失に陥りやすい組織への埋没、③内部告発などの必要事由の起源となったと代表例でもある。この事故からの教訓として、技術者は立場に捉われない共有観を忘れては、真の技術者とはいえず工学は成立しないと断言する。つまり、組織や社風に屈し誤った判断をすることがないための技術者各人の倫理的覚悟・勇気と、そのための他者との共有観形成の必要性の再考を強く求める。同時に、技術者に問われているリスク管理・予防管理の重要性への示唆でもある。

したがって、本事故の本質は、科学技術への発展を拙速化する社会的ひずみや全体主義内の決定根拠の曖昧さなどの種々の要因が招いた悲劇であって、けっして結果論ではない。技術者が時に壁にぶつかった際の歪んだ評価や判定は放棄し、本事象を他人事の事故ではなく、人災の教訓と受け止めるべきである。

■人災・事故と技術倫理の再考

技術者は技術領域のみならず、実社会生活においても多くの倫理的課題を抱えざるを得ない。例えば、異常気象や地震に対して、倒壊などの可能性を専門技術者は察知することができても、公衆に正確に伝達しなければ人命は救えないし説明責任を果たすことにならない。技術者には権限と義務があることを忘れてはならない。このことは技術倫理の根幹の原則である。

例えば、まったく違う話題であるが、交通事故で毎年たくさんの人が亡くなっている現実に対して技術者はどう臨むべきであろうか。車は便利な乗り物なので多少の事故は仕方がないという考え方は、技術者であれば論外である。事故にあった遺族にそう答える人はいないであろう。車はまたつくればいいが、不本意に亡くなった命はもう戻らない。技術発展において物流などのため車を廃止する事は現況では不可能ではあるが、技術者はヒューマンエラーも含め事故を限りなく無くするための技術的研鑽が必須である。

事故対策として危険を事前察知するなどのエマージェンシー機能を持つ、例えば自動運転システム（レベル１～5）[26]も実用化されつつあるが、技術者は機械を過信してはいけない（**図-2.16**）。

レベル1：運転者支援
レベル2：部分的運転自動化
レベル3：条件付運転自動化
レベル4：高度運転自動化
レベル5：完全運転自動化

図-2.16　自動運転システム[26]

機械のみに頼る技術行使は技術者の役割ではあり得ず、そこに潜む倫理的懸案も念頭に持つべきである。機械を如何に駆使するかは技術者の判断力に他ならない。技術倫理において、人命最優先の結論は極論ではない。立場に捉われない判断力・共有観を忘れては真の技術者とは言えず、工学は成立しないと考える。

つまり、あらゆる倫理的視座から、科学技術で造成されたモノの活用時の留意事項に対する真摯な対応も、技術者に求められる資質なのである。ドイツの文豪ヨハン・ヴォルフガング・フォン・ゲーテ（1749-1832年）[27]は「誤りは人間しかしない。人間における１つの真実は誤りを犯し自分や他人や事物への正しい関係を見出しえないことである」と述べている。俯瞰的な視点で技術を実践すべきと改めて考えさせられる。技術者の今後の適正な行動が試されているのである。

［**2**］シティコープ・タワーのリスク——立ち止まる勇気

シティコープ・タワー[28]は、スペース・シャトル・チャレンジャー号事故と対照的に優れた技術者対応の事例として、技術倫理のテーマ問題に多く取り上げられる（**図-2.17**）。この煩雑な構造のタワーは、59階のビルで1972年に一端完成するが、6年後に支柱に対する強風荷重の強度不足の指

図-2.17　シティーコープ・タワー[28]

摘を学生から受けた設計者の教授が、補修工事を断行した事例である。設計は仮想バーチャルとまでは言わないが、厳密でない発展的な点がある以上、量的に分析できない技術倫理を常に包含すると考えた方が良いと言える。

予期できない自然現象の猛威に対しては、構造物の完璧な設計や施工はあり得ないのかもしれない。つまり、技術倫理の権利・義務・信頼などは、解析値とは違い定量的に数値化できないリスクを含む複雑事項でもあると言える。リスクのすべては回避できないとすれば、煩雑な実務を対象としている技術倫理には完璧な正解が常に有ると限らない。そのためにこそ、クリティカル・シンキングによる技術倫理の継続した検討が必須と考えてほしい。

本事例の設計者の迷いは、シティコープ・タワーは当初の構造設計では法令違反ではないが、巨大ハリケーンなどに対する損傷・倒壊の過小でも可能性があったことへの対応である。その危険性を公開することで、設計者自身の不名誉のみならず、ビル内部・周辺の公衆を避難させる大がかりな対応や建設会社への補修の負荷などがあったはずである。しかし、シティコープ・タワーの事例対応の優れた点は、公衆を守る技術者の倫理観を堅持し、技術者個人の不名誉や中傷などを切り離した迅速な判断力と考えるべきである。平易に言えば、時に立ち止まり後ろを振りかえる技術者の勇気・決断と他者とのコミュニケーションの形成能力の重要性が求められているのである。先に示したチャレンジャー号事故が単なる不運で、シティコープ・タワーは逆に幸運であったと単に考えるべきではない。なぜなら、技術に対するリスクのとらえ方が、技術者として完全に違うための当然の結果と考えて頂きたい。シティコープ・タワーは今もそびえ立っている。

2.6 倫理的判断力

［1］ 技術倫理の促進——償えない人災

技術的不備や倫理的不遜がわかれば、技術者はプロセスを再考するべきである。技術倫理として留意すべきは、設計者・施工者は狭い視点で判断するのではなく、顔を上げて利用者である公衆の視座で最終決断することである。あえて述べれば、技術者自身も経営者も、公衆・市民の一部なのである。技術者倫理の実践を阻害するものとして、私利・恐怖・欺瞞・権威・無知などが挙げられるが、組織やその時代背景に責任転嫁してはならない。

倫理的判断の促進要因

促進要因	阻害要因
利他主義	私利私欲（利己主義）
希望・勇気	おそれ
正直・誠実	自己欺瞞
知識・専門能力	無知
自己相対化（公共性）	自己中心的志向
巨視的視野	微視的視野
権威に対する批判精神	権威の無批判な受入れ
自律的思考	集団思考
その他	その他

図 -2.18　倫理的判断の促進

技術倫理の正体・正着は実務上の勇気に起因すると断言して良いのかもしれない（**図 -2.18**）。勇気は如何なる教育でも教える事はできないと言われているが、勇気は行動力に他ならず、誠実な技術者であれば必ず共有できると確信する。

明治維新の精神的指導者として知られる吉田松陰（1830-1859 年）[29] は、「義は勇により行われ勇は義により長ず」と述べている。技術は謙虚・真摯に実践したいものである。それも、技術倫理の一端であると認識して頂きたい。

社会を見渡せば、老朽化した建物などが放置され事故につながっているケースが見受けられるが、これを人災というのは過激すぎるだろうか。予見ができた事故発生に対しては、技術者は裁判の対象になり得るであろうし、失われた人命はいくら賠償金を支払っても戻ってくることはない。法に限らず、技術倫理違反の代償は大きいと深慮すべきである。

［2］ 自律性思考——他者共有の必要性

自律の定義は、他からの支配や制約などを受けずに自分自身で立てた規範に従って行動することとされている。同類語の自立は、他からの従属から離れて独り立ちすることであって、他からの支配や援助を受けずに存在することである。社会生活上、どちらも重要ではあるが、技術倫理では自らを律する行動の自律を重要視し、その発展的な教育訓練により技術者が自立していくことが望まれている。つまり、他者との技術的かかわりの中で、各人が自律性を持つことで、技術者は自立していくと考えてほしい。

ハリス[30]らによれば、技術者の自律性は以下の3つの側面を持つとされる。

① 意図を持ち行われ自己の内在する確かな目的あるいは目標に従った行為

② 外部からコントロールがあったとしても真の選択を行使する行為

③ 行為を理解した行為

これらはややわかりにくい内容であるが、技術者の自律性は、自身が行おうとする意思決定の目的を明らかにし、与えられた条件のもとで外部からの不正な影響を受けずに自らの信条に基づく価値観によって選択の判断を行うことと考えれば理解できるはずである。

ただし、技術的意思決定が個々人の価値観や特に組織内技術者では社風などで判断が左右され曖昧になることは時にはある。また情報社会では、フェイクも含めて多くの情報の中では、その判断が歪められる傾向も否定できない。そのため、不用意に他者を傷つけるような残念なニュースもある。

それでは技術者が真の自律性を持ち得るためにはどうすれば良いか。まずは技術倫理の規定や要綱などに示された行為の善悪や正不正の価値に関する判断を下すための基本体系を学び、同時にその規範に沿った技術を実践することに尽きると断言する。その際、さまざまな状況下において技術者として、より良い自律性を待った正しい意思決定をするためには、他者との議論を積極的に行い技術者間の共有観を持つ努力をすることは言うまでもないことである。つまり、技術倫理の根幹は共有観を堅持した自律性とも考えられる。

実存哲学者であるフリードリヒ・ヴィルヘルム・ニーチェ(1844-1900年)[31]は、「自分をもっと尊敬する事で人は悪い事ができなくなり、自律性を持つに至る（力の意思)」と述べている。(**図-2.19**)。自らを敬えば人は軽蔑される行為はできなくなるという考えに同感であり、非常に興味深い。

この一連の思想が倫理観を体得した理想の技術者を育て、さらに他の技術者の見本となる事を信じたい。そう考えれば、自律性は、技術者に限らず人が社会生活をおくる上で如何に重要かがわかるはずである。技術倫理観の習得は、人としての自律性を持つことから始まると考えるべきであろう。正しい行為であれば自分自身をもっと肯定すべきなのではないだろうか。簡単なことではないかもしれないが、自分自身に、他者に、そして工学に真摯に向き合うことで必ず自律性は備わるはずである。

図-2.19　ニーチェ[31)]

［3］ 誠実性・公平性

■誠実規範

技術者は専門職つまりプロフェショナルエンジニアである。プロフェショナルとはそれを生業とする人達のことであり、学校教育では理想的な技術者像を学び、あるべき技術の方向性を体得することになる。

そのために、土木学会倫理規定には、誠実義務および利益相反の回避として公衆、事業の依頼者自己の属する組織および自身に対して公正、不偏な態度を保ち、誠実に職務を遂行するとともに，利益相反の回避に努めるとする行動規範がある。この誠実性規範は、技術者と業務相手方との契約原則でもあり相反を超克する義務でもある。ちなみに、この規範は他の学会や海外などでも同様である。

ここで言う、超克とは利益とコストなどをすぐに相反問題とせずに、例えば中立的意見の集約も解決法として重要であるという意図でもある。中立の保持として技術者は、技術の影響を受ける公衆への誠実性が重要と考えるべきである。それをある種の対人関係とすれば、誠実な技術者は正直に真実を告げ、その行為により他者の信用を得ることになる。その実践が、技術者の誇りにつながると考えたい。文豪であり教

図-2.20　夏目漱石[32)]

育者でもあった夏目漱石（1867-1916年）[32]は、「自分に誠実でないものは、けっして他人に誠実でありえない」と述べている（**図-2.20**）。まさに、今後の技術者のあるべき姿への示唆である。

■信義則

日本の民法の先頭の第1条に「権利の行使および義務の履行は信義に従い誠実に行なわなければならない」（同条2項）とある。これは、人は権利の行使や義務の履行の対人関係において、信義に従い誠実であれとする信義誠実の原則であり、「信義則」と呼ばれている。

つまり、社会共同生活において、権利の行使や義務の履行は互いに信頼や期待を裏切らないように誠実に行うべきとする公序良俗の観念とも言える。

また、公平性も同様であって、技術士倫理要綱では業務を行う際の中立公正の堅持を要求しており、技術者はそれを害するような利害関係を持ってはならないとされている。これに反する行為はプロフェショナル失格であり、技術者の立場を放棄したに等しいのである。技術者は学術的な専門職としての公平性は、知識・経験・能力に支えられている。したがって、その公平性は科学技術を活用し、公衆の安全・健康および福利を図り、持続可能な開発を進めることに果敢に挑戦することが技術者の資質である。その他に、技術士倫理要綱などからは、持続性として持続可能な開発、有能性として技術研鑽、真実性として説明責任などが、技術者が持つべき重要事項が読み取れる。いずれも、それらが必要最低条件であることを我々技術者は認識すべきである。

科学技術の進歩は速く、公衆が技術者に対する期待には限りはない。誠実性・公平性などの価値基準は時代によって変化されるべきものではないが、社会生活への科学技術の利用物はその時点では良いと評価されても、時がたつとマイナスの要素が現れることがあり得る。

技術者はそのようなあらゆる可能性をも注意深く探り、先見性を持ちつつも、ぶれる事のない誠実性・公平性さらには持続性・有能性・真実性の堅持し、それを誇りとすべきである。これらは非常に大きな戒めであると考えて頂きたい。

2.7 コンプライアンス

〔1〕 技術倫理堅持——技術者の必須要件

コンプライアンスの直訳は法令遵守となり、文字通り解釈するなら、法令違反をしないこととなる。多くの不祥事であるコンプライアンス違反は企業や行政組織の社会的信用を根底から揺るがし、損害賠償請求や売上急減などで時には致命的損失と打撃を被るため、各企業・組織において自主ルールCSR（社会的責任）を定め、専門組織を設置するなどの対応が強く求められている。コンプライアンスが重要視されるのは、法令だけでなく、社会生活上の規程や要綱の遵守、さらには企業や組織内におけるその運用と環境などへの対応も含んでいるからである。そのため、内部告発を促すため2006年1月に施行された改正独占禁止法は、談合などを自主申告した企業への課徴金減免制度の導入や同年4月には内部通報者が解雇の不利益を被らないようにする公益通報者保護法[33]も施行されている。つまり、コンプライアンスの徹底を促す法整備がされている。

ただし、技術倫理では、すべての技術に関する社会的不正をコンプライアンス違反と一くくりで考えることは避けるべきである。なぜならば、コンプライアンス（Compliance）の英語原義はComply Withつまり他者の希望・要求に応じることとされているからである。つまり、コンプライアンスは堅いイメージだけが先行しがちで、厳罰化だけでは技術者のモチベーションは低下し作業効率が落ちては意味がない。コンプライアンスは当たり前のことを当たり前に行うことなのである。

例えば、コンプライアンスを、技術者の実務状況下において暗黙に守るべき意思疎通と解釈してはどうであろうか。一方的な要求や命令への服従、外圧が加えられたときの単なる反論ととらえるのではなく、技術倫理においては、公衆の希望に即した正直・真実なる時にフレキシブルで弾力的な志向性と考えるべきである。

〔2〕 未然防止——コンプライアンス深慮

たとえそれに該当する法律がなくても、科学技術に携わる技術者は、公衆の希望でもある重大危害の防止・事故を未然に防ぐための、技術倫理の堅持・共有が必須であり、それは広義のコンプライアンスと考えることができる。この際の事故の未然防止とは、倫理観ある適正な技術実践のみに止まらず、他者への思いやりある注意義務もその一つである。

ただし、公衆の希望である社会的要請は時代により種々変化すると考えられるため、それに対する配慮や技術開発が常に必要となることを忘れてはいけない。広義のコンプライアンスである技術倫理違反は、技術者個人の信頼失墜だけでなく、ひいては工学の崩壊・組織や企業の存亡・関係者へのダメージも含めた大きな社会的問題となり得るということを認識することが重要である。

そのための事前の災害対応などの予防倫理の検討も大きな課題ではあるが、技術者はそのことを念頭に持ちながらも公衆の権利と自由を守り、同時にその公衆の生活の営みの助けとなる技術発展の仕組みを構築することが役目となる。つまり技術者の役割は、単にルール通りに設計・施工さえすればそれで良いということではなく、社会秩序など多くのことに配慮して技術を実践すべきなのである。技術者は、是非深慮して頂きたい。

2.8 トレードオフ

［1］ 技術倫理のジレンマ——トレードオフ超克

トレードオフ（Trade-off）は、一般に一方を追求すれば他方を犠牲にせざるを得ないという状態や関係、つまり二律背反と解釈されている。倫理では最も厄介な課題である。確かに、工学においても科学技術のみで軽々に判断できないことがある。例えば、コスト（利益）と安全、国土開発と環境問題、秘密保持と説明責任あるいは個人志向と組織概念などは存在するが、そのためにこそ他者と共有すべき技術倫理が存在すると再認識し、体得すべきであると考えてほしい。

技術者は自分を含めた公衆を守ることが最優先であって、技術実践上の社会貢献は必須である。ただし技術は個人の技量のみでは成立しないため、技術者間で両方のバランスを考えた最適化を図る工夫が工学の大きな役割でもある。誤解を恐れずに述べれば、例えば、工学は地球環境を時に防災上などで改変はさせてはきたが、社会環境を守ったとも考えることもできるのではないだろうか。工学を有益に行使すれば、安全かつ抵コストの技術実践が可能なものは多分にあるはずである。どちらかを犠牲にするという考え方はあまりに短絡的ではないだろうか。トレードオフの解決法に、組織的なリスクマネジメントなどが注目されているが、その効果は限定的と言わざるを得ないと考える。

トレードオフの反対語は両立性とされているが、その解決法はあえてトレードオフ超克と言い換えたい。2つのことがらを同時に高めることはできないと安易に切り捨ててはいけない。広い視野で解釈しブレインストーミングなどで、アイデアを創出するプロセスをコントロールすることで技術者間の共有を図り、公衆への十分な説明責任を果たす対応により、トレードオフ両立もしくはリスク低下に努めるべきである。その際、単なる知識や専門技術の活用以外に、最適な付加価値を模索する倫理的志向により、With Up を目指すべきである。優れた技術者は、責任ある対応をすればトレードオフなど存在しないと言い切りたいものである。したがって、トレードオフ超克こそが真の技術者に求められている最大の役割であり、技術倫理の骨子と断言される。

With Up を別観点からとらえた認識として「技術倫理は技術者個人が犠牲になっても公衆を守るべしとする精神論ではない」という事である。ジレンマ解決に犠牲論のような対処法があるべきではなく、困難な倫理的課題に対しては技術者間で責任・覚悟を共有し、必要があれば公衆と手を取り合って共に国難等に立ち向かう姿勢こそが技術倫理のあるべき方向と強調する。

［2］ 相反の回避——技術者のバランス感覚

技術者は障害となる相反にバランス感覚を持って対応することが求められる。実現不可能な課題に対して、果敢にチャレンジし解決策を生み出すというやり方もあるが、あまりにも可能性の低い拙速な決定は不正の原因となることも知っておくべきでもある。その際は、安易な密告ではなく、意志共有の意味でホイッスル・ブローイングによる相反回避も視野として良いのではないだろうか。繰り返しになるが、トレードオフを対立軸とせずに関係者との意志・理念共有が技術倫理の必須事項であることを深く認識し、技術者自身も謙虚に志向すべきである。

2.9 技術倫理教育総括

［1］技術者の功罪——技術倫理実践

倫理観を無視した軽率な判断による技術実践は、公衆を傷つけるだけでなく、最悪人命を損なう可能性があることを強調したい。不備な行いで損壊してしまった構造物は再施工が可能であるが、不本意に失われた命は戻ることはない。それを償えない技術者は自らもひどく苦しむ結果を招くことになり、社会から抹殺され社会人として生きていけなくなる可能性もあり得ると再認識すべきである。

いつの時代も不条理な嘆きが数多くあるということは、倫理的課題が山積しいずれも解決されていないということであろうか。次々に新たな問題が生じルールが追いつかないと人は苦悶する。いくら規定や制度を作ってもイデオロギーを振りかざしても、人は救われないのかも知れない。

ただし方策はある。倫理的不正に気づいたら、大・中・小の警鐘を鳴らすのである。自らがあきらめて闘う努力をしなければすべて停滞すると考えるべきである。そして逆に、適正かつ誠実な技術実践は技術者の尊厳となり、工学の発展に必ずつながると確信したい。その事はさらに大きな社会貢献となるはずである。そのためにこそ、技術倫理の習得は工学の知識力と同等に重要なのである。

［2］技術倫理の不文律——責任・覚悟と判断力

技術は時に諸刃の剣、つまり技術者は責任と権限の両面を持つことを実践的技術倫理の基本として継承すべきであろう。

情報時代では、人間社会は激しくその態様を変えており、科学技術の発展は加速するであろうが、やはり光と影は否めない。その現実を真摯に受け止め適正に対峙するためには、技術者に限らず自らが確かな指標を打ち立てなければならない。規定や制度を変えてもイデオロギーを振りかざしても、人は救われないであろう。種々の国難を憂いていても、何ら解決はしない。

したがって、社会に降りかかる国難を凌駕するためには、文明がどのように変わろうとも、人がより人らしく生きぬく術として、特に技術者は工学的知識だけを能力とするのではなく、的確な倫理的判断力の堅持が必須であり資質になると考えるべきである。つまり、文明・文化の変化が多様だからこそ、技術者は不偏的技術倫理を体得する姿勢と強い覚悟が重要と考える。そう、「静かなる技術倫理は、如何なる声も傾聴すると同時に、技術者間が共通認識とすべき実践的な不文律」なのである。

2.10　ケーススタディ

技術倫理教育が等身大の実践を求める主旨より、以下に3点のケーススタディを示す。本事例は、いずれも技術者が遭遇する可能性のある事項および実際の事件を対象としている。

自分がその立場ならどうする？

信頼される技術者とは？

種々の視座でのクリティカル・シンキングを求める。本ケーススタディを真摯に考察することで、技術倫理の意義と体得の必要性が理解できるはずである。そのこと自体が技術倫理のあるべき方向である。

＊　なお本書発刊時は、奇しくも阪神淡路大震災から9年目の同月、更には人類が初めて遭遇する新型コロナウイルス（SARS-CoV-2）の感染拡大期にある。このブラックスワンにおいて、我々（技術者）は倫理観共有を必須とし立ち向かう志を念頭に、実践的見地からの取組みが求められている。

ケーススタディ１　Ｙ子のジレンマ　開発〜環境保護　個人〜組織

【課題】

Ｙ子は、首都圏の大手化学薬品メーカーに勤務する化学技術者である。Ｙ子は小さくて閑静な町に住むのが好きで、首都圏から50キロも離れた人口５千人弱の町に家を建て、そこから通勤している。Ｙ子の住む町は、周囲に原生林があり、自然豊かな環境にある。数年前、その原生林の一部を商業地域に変更して、商業開発する計画があった。町の有志が立ち上がり、環境保護を求めて運動を起こした。環境保護運動はしだいに大きくなり、「町の環境を守る会」が結成された。Ｙ子もその会に入り、熱心に運動を続けた。「守る会」は、商業開発が町を活性化することを認めながらも、経済的発展のために環境を犠牲にすべきではないとして、市議会に訴えた。有力議員がその主張を認めたため商業開発計画が中止された。

---

① Ｙ子の勤務する会社は、新たな化学工場を建設するため、立地条件の良い場所を探していた。そして、Ｙ子の住む町の原生林に白羽の矢を立てた。市議会に接触するにあたり、会社の方針を次のように決めた。原生林の25％を工場用地にしたいこと、環境に対する配慮は規制水準をはるかに下回るように管理するつもりであること、原生林の残りの75％の保存と維持に必要な費用を毎年納めること、工場の立地による税収が増加すること、新しい仕事の創出で地域の雇用が増えること、それらによって町の経済的発展が望めることなどである。

② 会社の工場建設担当Ｂ部長は、Ｙ子がその町に住んでいることを知った。しかも「守る会」のメンバーであることも知っている。そこで、Ｙ子の上司Ｃ係長に、「あなたの部署のＡ子君に工場立地の計画を話し、計画がうまくいくように協力してもらえないか」と話した。

③ Ｃ係長はＹ子を呼び、Ｂ部長の話を伝える。Ｃ係長はＹ子が「守る会」のメンバーであることを知らないが、「誰か有力な市議会議員でも知りませんか」と尋ねた。Ｙ子は、「そのような人は知らない」、と答えた。

それを聞いたB部長は激怒した。「知らないはずはない！　彼女は環境保護グループの有力メンバーだよ。まあいい。彼女には、この問題に関わらないよう注意しておいてくれ」

④　それから2週間、Y子は工場立地の話を誰にも話さなかった。そして「守る会」から緊急会議の電話があった。会議では、たった今、工場立地の計画が発表されたと報告された。

⑤「守る会」では「我々は前回同様、断固これに反対する行動を取る」と決議された。

【本ケーススタディ　択一問題と解答例】

解決法の参考　第1・第2・第3・第4　対応と想定効果

専門技術者の責務範囲	解決法	会社に対して	守る会に対して	想定効果
自己の信念に基づき人間の健康への関心を超えて専門職とし環境を保護する責務があると考える場合（公衆の健康、身体的福利、心理的福利、経済的福利の全てを保護する）	【第1】	別の場所を選定するように会社を説得する	守る会に対しては誠実に行動したことになる	可能性は少ないが、現在の仕事を棒に振ることはない
	【第3】	業務への不参加や守る会の情報を漏らさない等、会社の方針に協力しない	服務規程を理由に守る会を退会し個人として反対する	会社は怒るが、地域に対して誠実さを保ち評判を上げる
人間の健康に関係しない場合、専門職の責務を押しつけられるべきではないと考える場合（心理的福利まで押しつけるべきではない）	【第2】	会社の方針に協力せず中立を保つ	個人の利害関係の相反を理由に守る会を退会し中立を保つ	会社は満足するが守る会の信頼を裏切り自分の信念を貫けない人と地域の評判を落とす
	【第4】	会社の方針に協力する	個人の利害関係の相反を理由に守る会を退会する	会社は喜ぶが彼女は自尊心を傷つけ地域の著しい評判を落とす

【択一問題】

問題１　Ｙ子の解決方法

どの解決が適当と思いますか？　あなた自身の立場で答えてください。

① 第１案

② 第２案

③ 第３案

④ 第４案

問題２　原生林の環境保護について、あなたの自身の立場で回答してください。

1)　商業開発が中止されている場所に化学薬品工場の建設が受け入れられると思いますか？

① 受け入れられないと思う

② 条件次第で受け入れられると思う

③ 受け入れられると思う

④ わからない

2)　商業開発がどの程度の割合であったかわかりませんが、工場用地として原生林の 25％を使用することをどう思いますか？

① 受け入れられないと思う

② 条件次第で受け入れられると思う

③ 受け入れられると思う

④ わからない

3)　原生林 25％を使用して化学工場と同じような条件で別の利用が提案されたらどう思いますか？

- 商店街など
- 団地など
- 民間の工場など
- 民間の研究所など

- 発電所、ガス施設など
- 総合病院など
- 福祉関係の高齢者の介護施設など
- 体育館・グランドなど
- 学校・図書館など

① 受け入れられないと思う
② 条件次第で受け入れられると思う
③ 受け入れられると思う
④ わからない

問題 3　職場の部長・上司とのやりとりについて、あなた自身の立場で回答してください。

1）「守る会」のメンバーである職員に「計画がうまくいくように協力してもらえないか」と部長が職員の上司を通じて意志確認する行為をどう思いますか？

① 適切な対応と思う　　② 適切な対応と思わない

2）有力な市議会議員の紹介を依頼されるが、「知らない」と答えたことをどう思いますか？この場合、「守る会」と反対の立場の関係者を紹介することになります。

① 適切な対応と思う　　② 適切な対応と思わない

3）「この問題に関わらないように注意しておいてくれ」との部長の指示をどう思いますか？

① 適切な対応と思う　　② 適切な対応と思わない

4）あなたが議員の立場であれば、「守る会」で面識のある市民からの紹介者と会いますか？「守る会」と反する立場の関係者を紹介されるという前提で答えてください。

① たぶん会わないと思う　　② たぶん会うと思う

問題４「守る会」との対応について、あなた自身の立場で回答してください。

1)　工場立地に関する情報を「守る会」に伝えなかったことをどう思いますか？

① 適切な対応と思う　　② 適切な対応と思わない

2)「断固反対する行動を取る」という守る会の決定に対して、自分の勤務している会社なので「決議を再考するように」と説得できると思いますか？

① 説得できると思わない　　② 説得できると思う

3)「断固反対する行動を取る」という決議に従いますか？

① 従うと思う　　② 従わないと思う

4)「守る会」に対してどのような態度で臨みますか？

① 双方の当事者となっているのでこの問題については関与しないこととする

② 会社での立場を優先して、「守る会」を脱会する

③「守る会」の決議に従い、反対の立場で行動する

問題５　勤務している会社との対応について、あなた自身の立場で回答してください。

1)　工場の立地に対してどのような行動を取りますか？

① 会社を説得して、原生林への工場立地をあきらめさせる

② 工場立地に関しては権限外であるので、何もしない

③ 会社の決定に沿う行動を積極的にする

2)　会社に対してどのような態度で臨みますか？

① 双方の当事者となっているのでこの問題については関与しないこととする

② 会社での立場を優先して、「守る会」を脱会する

③「守る会」の決議に従い、反対の立場で行動する

問題６　下記の２つの提案について、あなた自身のお考えで回答してください。

Ⅰ　技術者は、人間の健康を最優先する責務はあるが、健康に関連しない環境への関心は仕事に持ち込むべきではない。 Ⅱ　技術者は、環境上の争点に対し個人としてのモラル上の信念に基づいて組織に対する不服従の権利があるべきである。

1)　健康に関連しない環境への関心は仕事に持ち込むべきではないということにどう思われますか？

　①賛同する　②反対する　③わからない

2)　環境上の争点に対し、個人としてのモラル上の信念に基づいて組織に対する不服従の権利があるべきである、とありますが、どう思われますか？

　①賛同する　②反対する　③わからない

3)　Ｙ子が会社を説得する行為は、環境への関心を仕事に持ち込むことになると思いますか？

　①そう思う　②そう思わない　③わからない

4)　Ｙ子が勤務時間外を利用して、守る会の活動を参加することを認めますか？　あなたがＹ子の上司という立場でお答えください。

　①認める　②認めない　③知らないこととする

5)　Ｙ子が勤務時間外を利用して、個人で反対活動をすることを認めますか？　あなたがＹ子の上司という立場でお答えください。

　①認める　②認めない　③知らないこととする

問題７　その他

1)　技術者は環境の悪化に加担してきたと思いますか？

　①そう思う　②そう思わない

2)　自然の価値について〜あなたはどちらと思いますか？
　① 自然であることに価値がある
　② 人間が利用し評価することに価値がある

[結論的意見]

本ケーススタディの択一問題に回答してみて下さい。種々の施設内容(公共性・危険なし等）やＹ子対応などに対してさまざまな意見、回答があると考えます。技術倫理の判断における開発・環境保護、個人と組織に関しては、特に深慮の必要性があると理解して頂きたい課題です。

結言

立場ごとにさまざまな回答で異なる意見があり、本事例に対する正解も１つではない。このこと自体はけっして悪いことではなく、他人の立場を尊重することや適正な倫理的選択を技術者に求めていると解釈していて頂きたい。

そのため、科学技術を担う技術者は、この多様な価値観の中において、俯瞰的立場と責任を保ち、科学技術発展に寄与すると同時に、公衆の安全・安心を守るための倫理観で代表されるバランス感覚が必要であると考える。

短絡的な自分本位の理論・行動では責任ある技術者とは言い難い。とくに若い技術者には倫理的思考を重視した研究対応・業務遂行が強く望まれる。

ケーススタディ２　Ａ君のジレンマ　不正コピー・アンド・ペースト特許侵害

【課題】

Ａ君は建設会社に勤務する入社５年目の技術者。今年から入社１、２年目の若手社員の15名の教育担当となった。手始めに建設現場の状況をまずは知ってもらおうと、現場見学会を各回数名で３回に分けて行うことにした。内容は、工程や工法の異なる現場や技術開発中の実験場を案内し、そこで概要説明と質疑応答を行い、後日各自にレポートを提出してもらうというものだ。初回の見学会の参加者レポートを一読し、Ａ君は愕然とした。

提出されたレポートに共通して言えることは、工程、工法の説明や解説が、Ａ君の会社のホームページに示されている文章やインターネットで流布されている文言とほぼ同じで、しかも出典や引用について一言も触れていないことである。そして、あたかも自分が書いた文章のように書いていることだ。さらに驚いたことは、自分のブログに「勤務先の新しい技術の紹介」として、「……特許出願間近の新工法です」と誇らしげに書いている者がいたことだ。このようなことは今回の参加者に限ったこととは考えにくく、１～２年目の若手社員全体の状況なのだろう。

Ａ君が新入社員の頃は、研修で違法な無断コピーはしてはいけないことや公知の技術は特許取得できないことを知ったが、この２年ほどは研修では、そのあたりの説明はしていないのだろうか。そうだとするとひょっとして若手社員に限った状況ではないのかもしれない。全社員の意識改革を早急に行わなければならないが、どうしたらよいのだろうか。Ａ君は焦っている。

意思決定の参考　ステップ１　Ｐ（Problem）問題の認識
ステップ２　Ｄ（Detail）　事実関係の整理
ステップ３　Ｃ（Check）　規定との照合・倫理観の検討
ステップ４　Ａ（Action）　具体的な行為

ステップ１	Problem	問題の認識：今、何が問題や争点か、また将来、何か問題になるか？ 【想像力、問題認識力】
ステップ２	Detail	関係事実の整理： どんな事実が関連しているか？ 【分析・評価力】
ステップ３	Check	倫理問題の特定：倫理規定（15の条項）に照らしてみたらどうか？ 【道徳（モラル）意識】
ステップ４	Acttion	具体的行為の選択：具体的にどのような行為をするのか？ 【価値判断力】

ステップ１　問題の認識

著作権や特許に対する意識の低さが若手社員に見られることを偶然知ったが、同様な状況が若手社員以外にもあるかもしれない。意識改革など早急な対応を講じないと、問題が起こりかねない。

ステップ２　関係事実の整理

(1)　一部の若手社員は、文章作法の約束事（出典や引用の明記など）や特許権の成立要件（例えば、特許出願前に公表すると新規性を喪失する（公知技術となる）ので、特許を取得できないことなど）を知らない。
(2)　この状況は一部の若手社員に限った状況ではない可能性がある。
(3)　若手社員の中には、自分のブログで会社の特許出願間際の新工法を紹介した者がいる。
(4)　最近の研修では、このあたりの説明をしていない可能性がある。

ステップ3　倫理問題の特定

(1)　土木学会倫理規定
職務における責任
規範の遵守
(2)　倫理問題の特定
倫理規定に照らして、A君の倫理的ジレンマとして以下のことが考えられる。
- 若手社員に著作権や特許に対する認識不足があることを目の当たりにした。会社に不利益をもたらすことも危惧される。職場の先輩として何をすべきだろうか？

ステップ4　具体的行為の選択

A君のとるべき具体的行為として、以下のことが考えられる。
(1)　若手社員に、研修で違法な無断コピーはしてはいけないことや、公知の技術は特許取得できないことの説明を受けたかどうかを確認する。
(2)　研修の担当者に、現場見学会での参加者レポートの内容を報告し、対策を協議する。
(3)　若手だけでなく、社員全員と協力し社内の意識改革を行う。
これらを順次行うべきであろう。

【参考】

特許権	：発明	存続期間20年　薬事5年延長可能
実用新案権	：形状・構造考案	存続期間10年
意匠権	：工業デザイン	存続期間20年
商標権	：トレードマーク	存続期間10年ただし永続可能

[結論的意見]

情報社会においては、データ不正使用は技術倫理の大きなテーマとなっています。著作権の不正防止ルールだけでなく、他者との共有観の必要性も併せて熟慮すべき事項となります。

ケーススタディ3　STAP細胞問題　研究不正

【課題】

2014（平成26）年1月、総合研究センターの研究者らが、STAP細胞[34)]ができたとの論文を科学誌に発表した。STAP（Stimulus-Triggered Acquisition of Pluripotency）細胞とは、体の細胞を、弱酸性の液につけるなど外から刺激を加えるだけで、体中のあらゆる細胞に分化できる状態に変えることができるとする夢のような研究成果である。

しかし同年2月以降、その論文のデータ画像などに疑義が指摘され、調査の結果、不適切なかいざんや捏造があったことが明らかになり、研究不正が行われたと認定された。そのため同年7月に、論文は正式に撤回されるに至った。その後の検証実験でも、論文筆頭著者のO氏らがSTAP細胞はできなかったことが明らかにされ、別の多能性細胞（ES（胚性幹）細胞）の混入に由来するものと結論づけられた。O氏は懲戒解雇、ほかの論文責任著者や管理者にも処分が下された。1つの科学研究が、1年以上にわたって日本をにぎわす大騒動になった点で異例の事件である。このSTAP細胞問題より、研究倫理のあるべき姿勢について多くの議論があった。

ただし、STAP細胞問題にはあまりにも多くの側面があり、一言で研究不正と表現するのは不可能である。しかしながら、1つはっきりしていることは、O氏だけでなく組織を含む当事者たちは、公衆のための科学という営みの前提であるはずの「信頼」を、内部から崩壊させたということである。しかも、研究不正と再現性が科学技術者では必須のはずが、日本を代表する研究機関で起きた事である。せめて、研究機関が「再現性の有無」よりも「不正の有無」を確認するための調査を優先し、真相は少なくともクリアになっていたはずであろうし、痛ましい自殺者も出なくてすんだかもしれない。この事件を受けて研究不正の再発防止に取り組むだけでなく、組織として倫理観の在り方や体制も重要と考えたい。

これをテーマにした技術士適正試験の過去問題[35)]を示す。その実務に何らかの形でも携わる技術者または研究者は、その成果に全責任を負う覚悟・姿勢および説明責任が必須であることを再考して頂きたい。

平成29年　技術士一次　適正試験　問題[35]より抜粋

Ⅱ－14　「STAP細胞」論文が大きな社会問題になり，科学技術に携わる専門家の研究や学術論文投稿に対する倫理が問われた。科学技術は倫理という暗黙の約束を守ることによって，社会からの信頼を得て進めることができる。研究や研究発表・投稿に関する研究倫理に関する次の記述のうち，不適切なものの数はどれか。

(ア) 研究の自由は，科学や技術の研究者に社会から与えられた大きな権利であり，真理追究あるいは公益を目指して行われ，研究は，オリジナリティ（独創性）と正確さを追求し，結果への責任を伴う。

(イ) 研究が科学的であるためには，研究結果の客観的な確認・検証が必要である。取得データなどに関する記録は保存しておかねばならない。データの捏造（ねつぞう），改ざん，盗用は許されない。

(ウ) 研究費は，正しく善良な意図の研究に使用するもので，その使い方は公正で社会に説明できるものでなければならない。研究費は計画や申請に基づいた適正な使い方を求められ，目的外の利用や不正な操作があってはならない。

(エ) 論文の著者は，研究論文の内容について応分の貢献をした人は共著者にする必要がある。論文の著者は，論文内容の正確さや有用性，先進性などに責任を負う。共著者は，論文中の自分に関係した内容に関して責任を持てばよい。

(オ) 実験上多大な貢献をした人は，研究論文や報告書の内容や正確さを説明することが可能ではなくとも共著者になれる。

(カ) 学術研究論文では先発表優先の原則がある。著者のオリジナルな内容であることが求められる。先人の研究への敬意を払うと同時に，自分のオリジナリティを確認し主張する必要がある。そのためには新しい成果の記述だけではなく，その課題の歴史・経緯，先行研究でどこまでわかっていたのか，自分の寄与は何であるのかを明確に記述する必要がある。

(キ) 論文を含むあらゆる著作物は著作権法で保護されている。引用には，引用箇所を明示し，原著作者の名を参考文献などとして明記する。図表のコピーや引用の範囲を超えるような文章のコピーには著者の許諾を得ることが原則である。

①　0　　②　1　　③　2　　④　3　　⑤　4

◌～不適切なものは　エ・オ　、○～したがってⅡ -14問題の不適切なものの数は2個のため正解③

以下に、本ケーススタディに対する課題とキーワード・参考意見コメント・結論的意見を示す。

【課題とキーワード】

- 再生医療に対する技術開発の行き過ぎた社会要請
- 総合研究センターのガバナンスの低さと研究者の権威への偏った依存
- 研究実験の方法・分析・解釈や論文発表のまとめまでの、研究の全過程の検証不備
- 研究成果の明らかなねつ造であるがそもそもO氏に嘘をつく意思があったかは不明
- O氏の上司は自殺し関係する研究者も処分されたが今後のこの研究テーマのあり方
- 犯人探し、証拠探し、スキャンダル探しの社会的制裁
- この細胞に期待した患者への懺悔
- 研究者全体への社会的不信感の広がり
- 表現の自由とするその後のO氏の本出版
- 裁判としないことの疑問と責任問題の不満

【不正の結果～参考意見コメント】

- 技術論理（研究倫理）の不正の代償は非常に大きい
- お金では解決が不可能
- 争点が不明瞭で煩雑なためか裁判になっていないが重い社会的制裁
- 社会から抹殺に近い扱いを受け今後仕事ができない
- 病気を治したい人への深い罪を負う

[結論的意見]

研究倫理での正しい行為重視は、技術倫理と同様です。不正の代償は計り知れないと考えるべきです。ただし、この事例は個人だけの倫理問題ではなく、当事者も広告塔となった被害者と言えるのかもしれません。しかしながら公衆の期待を裏切ったことは非常に罪深い行為です。技術者や研究者の軽率な倫理違反が、時に公衆の心を深く傷つけ人命を脅かす際たるテーマであるとも言えます。まさに罪と罰です。

◎引用・参考文献

1)　礼記（れいき）：漢文大系，富山房，1913・増訂版 1984
2)　https://ja.wikipedia.org/wiki/ アリストテレス
3)　ヴェジリンド・ガン共著：環境と科学技術者の倫理，日本技術士環境部会訳編，丸善，2000
4)　https://ja.wikipedia.org/wiki/ ロボット工学三原則
5)　https://ja.wikipedia.org/wiki/ プラトン
6)　淮南子：知の百科 中国の古典，講談社，1989
7)　土木学会：https://www.jsce.or.jp/rules/rinnri.shtml
8)　https://ja.wikipedia.org/wiki/ トーマス・カーライル
9)　日本技術者教育認定機構 JABEE：https:/jabee.org
10)　日本技術士会 倫理員会：https://www.engineer.or.jp/c_cmt/rinri/ https
11)　https://ja.wikipedia.org/wiki/ ルネ・デカルト
12)　加藤隆：旧約聖書の誕生，筑摩書房，2008
13)　廣常人世：五倫，日本大百科全書，小学館，2004
14)　https://ja.wikipedia.org/wiki/ 福澤諭吉
15)　https://wpedia.goo.ne.jp/wiki/ 福澤心訓
16)　https://ja.wikipedia.org/wiki/ 新渡戸稲造
17)　新渡戸稲造：武士道，1900
18)　https://ja.wikipedia.org/wiki/ 葉隠
19)　ルース・ベネディクト：The Chrysanthemum and the Sword:Patterns of Japanese Culture 菊と刀，1946
20)　気象庁ホームページ：平成 23 年東北地方太平洋沖地震，2011
21)　日本技術士会：中央講座 セブン・ステップ・ガイドを用いた倫理的意思決定，2010
22)　https://ja.wikipedia.org/wiki/ ジェレミ・ベンサム
23)　https://ja.wikipedia.org/wiki/ イマヌエル・カント
24)　ラッシュワース・M・キダー著，高瀬恵美訳編：意思決定のジレンマ，2015
25)　Rogers Commission report：Report of the Presidential Commission on the Space Shuttle Challenger Accident, Volume 1, chapter 5，1986
26)　国土交通省：自動運転を巡る国際的動向，2015
27)　https://ja.wikipedia.org/wiki/ ヨハン・ヴォルフガング・フォン・ゲーテ
28)　https://ja.wikipedia.org/wiki/ シティグループ・センター
29)　https://ja.wikipedia.org/wiki/ 吉田松陰
30)　日本技術士会訳編：科学技術者の倫理，丸善，1998
31)　https://ja.wikipedia.org/wiki/ フリードリヒ・ニーチェ
32)　https://ja.wikipedia.org/wiki/ 夏目漱石
33)　消費者庁ホームページ：https://www.caa.go.jp/policies/policy/consumer system/ whisleblower_protection_system /overview/
34)　理化学研究所：多細胞システム形成研究センター CDB，2014
35)　日本技術士会：試験登録情報　https://www.engineer.or.jp/c_categories/index02021.html

第3章 技術倫理問題の認識と解決に向けて

3.1 自律的判断を磨く

科学技術は、夢をかなえる玉手箱のように、人々の暮らしを豊かにし、夢を育み実現してきた。これまで、科学技術は留まるところがないほどの勢いで爆発的な発展を遂げ、人々を照らしその期待に応えてきたと言えよう。一方で、同時にそれらは影ともいうべき副作用も生み出してきた。例えば、天然資源の消費、地球規模での環境悪化等がその際たるものである。また、科学技術の発展による便利さの代償として、人間自身の思考力と判断力を衰弱させ幼稚化させているとしか思えないような問題が噴出してきている。確かに、至るところで、ボタンを押し画面をスイープするだけでいろいろなものが手に入る便利さは日常になっている。汗をかかず、時間もさほど必要とせず、必要な情報を入手し発信できる世界に誰しもが身を置いている。このような世界で生活をしていくのに、どれほどの思考力や判断力が必要とされるであろうか。

インターネットなどを通じて得られるものはあくまでも疑似（Virtual）体験であり、実際の経験で得られるものには遠く及ばない。したがって実体験で問題に直面した際に、その解決策やそれが未来に及ぼす影響などに思いを描けず、適切でないこととそうでないことを判断できる能力が欠落し、他人を尊重し自分と異なる意見を尊重する配慮の欠如もまた深刻である。これらは、まさに技術倫理が必要とする自律的判断能力を、現代人は失った結果ではないかと考える。自律的判断すなわち倫理的思考の欠如によるさまざまな問題を列挙するのは容易である。このことのすべてが科学技術の発展に伴う豊かさの裏で生じている代償ではないが、かなりの部分を占めていると危惧する。

科学技術が人間の生活に与える影響の大きさは相当なものである。特に土木技術は、その対象が巨大であるため影響範囲も広く、技術そのものの良否、あるいは技術者の技術的な判断の良否が及ぼす影響は大きい。技術を生み出すのも使用するのも人間である。したがって、技術者は、自律的な判断に基づく自己の倫理規範に基づいて常に正当な判断ができなければならない。そのためには、技術倫理問題を認識する能力をまず身につける必要がある。

本章では、技術倫理問題をどのように認識し、それに対して技術者はどうあるべきか、どう対応すべきかを考察する。科学技術の影響力は相当大きくなり、人類の命運を握るほどになっている。科学技術（ハード）の進歩に対し、それを活かす人の倫理観（ソフト）を向上させるためには、内包する倫理問題を的確に認識し、それに正しく対応していく必要がある。科学技術を使うのは人間であり、科学技術を生かすも殺すも人間である。したがって、科学技術の持つ正と負の側面を正しく理解し認識しておく必要がある。そうして、これを使うことでどのような作用と副作用が生じるかを想像し、倫理観に基づいて作用と副作用のバランスを考えていく必要がある。科学技術に対する過大な期待やいい加減な楽観主義、つまり「どこかで」「だれかが」何とかしてくれる、と楽観することなく、自らが先頭に立って対応していくことが求められているのである。

「自律的判断を磨く」ということは、科学技術の影響を正しく認識し、さまざまな情報や制約条件の中で自らが自らの規範の下に行動できるような能力を醸成することである。

3.2 技術倫理問題の認識

［1］ 自己の倫理規範を持つ

少子高齢社会を迎えたわが国では、それが与える経済社会への影響が懸念されている。一例を示すと、2019年度の社会保障給付費は予算ベースで123.7兆円に達し、国民所得額の30%に迫ろうとしている[1)]。そしてこの金額は毎年1%程度ずつ増えてきている。今後もそのペースは増えることはあっても減ることはないと予想される。一方、私たちの経済社会を支える社会インフラは、1960年度以降2 500兆円を超える建設投資を行ってきた結果膨大なストックを抱えるに至り、その維持や更新が十分行えないことが懸念されている。建設投資額は、1992年度の84兆円をピークとして減り続けており、2014年度には51兆円にまで減少している[2)]。2012年の国土交通白書によると、2036年頃から維持・更新費が建設投資額の総額を上回るとの試算もあり、維持・更新はおろか、新しいインフラの建設には手を付けられず、今後の社会の持続可能性の実現に暗雲がたちこめている。

このような状況の中で、北海道には高規格幹線道路がさらに必要と思うかという問いを学生に投げかけたことがある。北海道の高規格幹線道路の開通延長は2017年度末で1 103 kmであり、計画延長の60%の進捗率となっている[3)]。つまり、残りの40%に相当する分を過去に決めた計画どおりに建造し続けるべきかを問うたのである。一方で、北海道の中心都市札幌市と中核都市である函館市、釧路市、北見市とはまだ高規格幹線道路では結ばれておらず、交通ネットワークは十分ではない。学生からは、多様な意見が出てくる。「主要な都市は結ばれているし、そうでなくても一般道路を使えばそう混雑していないので十分である」という建設不要論もあれば、「主要な都市を結ぶネットワークは必要であり、整備計画はぜひ遂行すべきである」という必要論もある。もちろん正解を導くのは容易ではない。彼らの意見を総括すると、北海道出身の学生は自分や実家の周りですでに高規格幹線道路が整備されていれば不要論を唱える傾向にあり、そうでなければぜひ必要であるという必要論を唱える。

誰もが将来もしこの計画を進めるか中止するかを決断する立場に立ったとすると、大いに悩むことになるであろう。正解のない、あるいは、正解が見えづらい問題であるからである。しかし、何らかの判断を迫られるとすると、そこには、「自律的に判断に基づく自己の倫理規範」に従って対処することが必要となる。技術倫理の問題には正解のないものも多い。しかし、自分はどのような情報を持って何を考え、どうやって判断したのかを、きちんと他人に明快に説明し納得してもらうことが求められる。限られた、あるいは偏向した情報のみによる判断は、他者に説明をする際にいずれ行き詰まるであろう。性急に答えが導かれる場合の多くはこのような一部の情報に基づいた倫理観に劣る判断をした可能性がある。もちろん多様なデータを個人で収集するのは限界があるので、他人とのコミュニケーションが重要となる。他人から異なるデータを提示された場合に考えが変わるかもしれない。したがって、どのような情報を持って何を考え，どうやって判断したのかということをきちんと他人に説明し、それを元にして正しい議論が行われるようになるべきである。

［2］ 倫理と法律・道徳・マナーとの違い

自己の倫理規範を持つためには、倫理と法律･道徳･マナーの違いを知っておく必要がある。

「倫理」は、個人や集団や社会が持つ道徳に関する規則・原則・合意事項であるとされる。例えば、「嘘をついてはいけない」というようなことが当てはまる。これを基にして、個人、集団や社会が持つ道徳に関する規則･原則･合意事項（つまり倫理）についての探究と調査を行う学問が「倫理学」である。例えば、「どうして嘘をつくべきではないのか」ということを対象とする。このように、「倫理」とは、知識と考える力に基づきつつ、道徳やマナーにも立脚して築きあげる自律的規範であると言える。

一方、社会のために守るべき最小限の決まりとして、法律や規則（まとめて「法」と表記する）がある。「法」は褒賞や懲罰によって個人や集団の行いを規制するための社会における規則であり、その主たる目的は、社会の秩序の維持である。また、「法」は行為を規制するが、「法」そのものを体系化する際に、なぜ行為者がそのような行為をしたかについては関与しない。このように、「法」は社会により強制され、懲罰が伴うことがある規範体系であると言える。一方、「倫理」は行為者が自発的に正しく行為することを奨励する価値体系であり、社会における個人の生き方により深くかかわる。つまり、「倫理」は行為者が行為をした道徳的な理由を重要とする。ここで、「道徳」とは、善悪の考えに基づき何が正か不正かに関する、ある価値についての態度・信念・確信である。

ここで、もし、

- 法に違反してないから
- 誰にも迷惑かけてないから
- みんながやっているから

ということを行為の正当性の理由としたら、それは共同体や社会に対して貢献すること、奉仕することを否定していることになり、その時点で個人の存在意義はないと言わざるを得ない。

社会において、幅広い価値観を認める方が発展的で快適で暮らしやすいのは当然である。したがって、「法」は最低限の決まりとして、価値観の狭い、低いレベルで種々の規定をするのが常である。一方で、倫理観はそれよりも、価値観の広い、高いレベルで設けるものである。そして、どの程度のレベルに設定するかは本人次第である。この倫理観と「法」との価値観の差がその人の使命感（Vocation）であると言える。価値観を軸として表したこれらの関係を**図-3.1**に示す。「法」に反していないというのは技術者の最低限の存在担保であり、これだけで技術倫理として十分であるというわけではない。また、技術者本人の持つ倫理観と技術者の存在する組織の法令遵守（Compliance）との関係を**図-3.2**に示す。おおむね価値観のレベルで整理した関係とほぼ同じである。組織の法令遵守に対する取組みは、CSR（Corporate Social Responsibility）として広く公開されている。

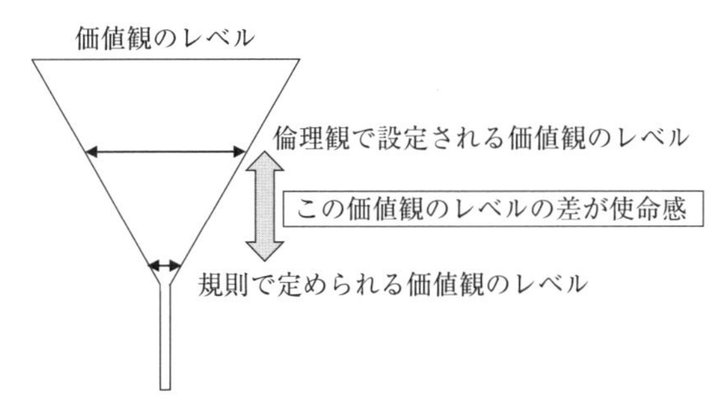

図-3.1 価値観のレベルを軸とした規則と倫理観との関係

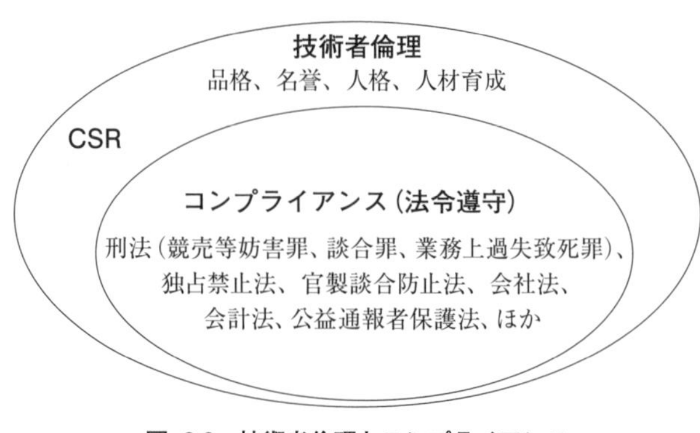

図-3.2　技術者倫理とコンプライアンス

［3］常に生じるジレンマと技術倫理の衝突

すでに述べたように、技術はますます進歩し、多様化、学際化、複雑化するとともに、それにつれてその影響力は巨大化する。技術には、安全性の保障、地球環境への貢献、財政・財源への配慮、防災・減災の実現といっ

表-3.1　土木技術の変遷

文明の転換点	BC7500	BC5000?	18C	1990	21C～
	農業革命		産業革命	情報革命	
空間利用	定　住	都市形成	都市巨大化 郊外スプロール		分散 集中 集団
背景	食料増産 交換市場	分業化 市場発達	生産基地 消費市場 国際分業		環境制約 財政制約
科学技術	農業技術		大量生産技術		情報技術
社会資本設計思想		安定統治 治山・治水 通商・交易	経済効率 都市・交通 生産インフラ		満足度・環境効率 快適居住・快適移動 安全・安心 環境・財政制約
基本概念	生活安定	分業・交換	量的充足		質的充足

注）上木学会資料[4]を改編

た多様な切り口や観点がある。そういった中で、技術者には、自律的倫理規範に基づいた意思決定(技術的判断)と合意形成が求められることになる。

表-3.1にまとめたように、土木技術はすでにBC7500年頃から地球上に生まれ、幾多の変遷を経ている。特に18世紀の産業革命時に必要とされた大量生産と量的充足の時代から、多様なニーズに応じた質的充足を満たすものへと変遷してきている。そこでは、国際協調（テロ等)、環境共生（生態系保全、人口爆発)、サステイナビリティ（環境、社会、経済）などのキーワードがある。満足度や快適な生活・移動といった要素がますます重要になっている。今後の傾向としては、

- 社会はさらに高度化・複雑化し、かつ、ボーダーレスとなる
- 既存の法の規範に該当しないものや課題が多く出てくる可能性がある
- 技術者の倫理的判断が問われることが多くなる

ということが考えられる。土木に特有の公的事業とは、「人間の生命を支える長期寿命の特注品の製造」を行うものである。技術の仕事は人命や生命にかかわり、技術者の失敗や責任のために、多くの人命が損なわれることもある。つまり、建設産業の品質管理や品質保証に関する責務は他産業に比較するとはるかに大きい。技術は多くの人命にかかわり、長期間かけて不可逆変化を与える。それは、地球の運命さえ左右しかねないほどである。生命という点に絞ってみても、技術者の責任はある意味では医師などの責任よりも大きいと言える。

土木分野における技術倫理としては、安全性を守る、すなわち安全な製品としての社会インフラを安全につくることが第一義的に上げられる。一方、技術者が企業や組織に所属している場合、それら組織の利益を追求する義務も生じる。企業は利益を出すことができなければ、従業員に給与を支払うこともできないし、設備投資のために使った資本を回収することもできない。したがって、コストを下げる必要があるが、コストを抑えると安全性に問題が生じることが多い。技術者にとって、利益の追求は「道徳的な」義務ではないが、「職業上の」義務になるわけであり、この両者のバランスをどうとるのかということが、技術倫理の衝突となる。

技術者は安全性を重視しなければならないが、その反面で企業の一員と

しては効率性や営業上の判断も重視しなければならない。一方で、事業には常にリスクがつきものであり、複雑なリスクを確認するには長い時間と人的コストが必要となる。リスクを低減させようとするとそのためのコストが必要となり、利潤は低下する。そのため、安全性のリスクとコストとのバランスのとり方、つまり、「安全性」と「ビジネス」あるいは「技術者としての義務」と、「企業の一員としての責務」との間での深刻なジレンマが生じ、利益の追求は安全性の確保と対立することも少なくない。

組織の中で、個人の倫理観を貫き通すことは難しいが、技術者としての倫理は、企業倫理に勝るものでなければならない。「疑わしい」と思われることは、自分の行動規範に照らし合わせて、確認することが必要である。

［4］ 技術倫理の本質を知る

特に倫理意識の低下によると思われる事例が非常に多くマスコミ等をにぎわしている。そこでは、法令遵守さえ危うい状況にある。これら事例のすべてについて、判断を誤った当事者にすべての責任を帰すべきでなく、社会システムや意思決定メカニズムの巨大化、複雑化が当事者判断をより困難にし、結果的によくない方向の判断をしてしまったということもあろう。つまり、社会のひずみが要因である。

倫理的判断のためには、その人の持っている文化、宗教、教育、風習といったバックグラウンドが反映されるということを再認識すべきである。当然、日本人には、日本人特有の倫理・道徳における行動規範がある。国民性とも言いかえてもよい。この特徴的な事例をいくつか挙げると、次のとおりである。

- 内と外（身内と他人等）を明確に線引きする
- 他人が相手なら先を争い、知人なら譲り合う
- 本音と建前を巧みに使い分ける
- 義理と人情、謙虚、謙譲の美徳を持つ

図-3.3はマズロー（A. H. Maslow）が示した欲求の階層（動機づけの理論、Theory of Motivation）を示している。第一階層の「生理的（Physiological）欲求」は、生きていくための基本的かつ本能的な欲求である。

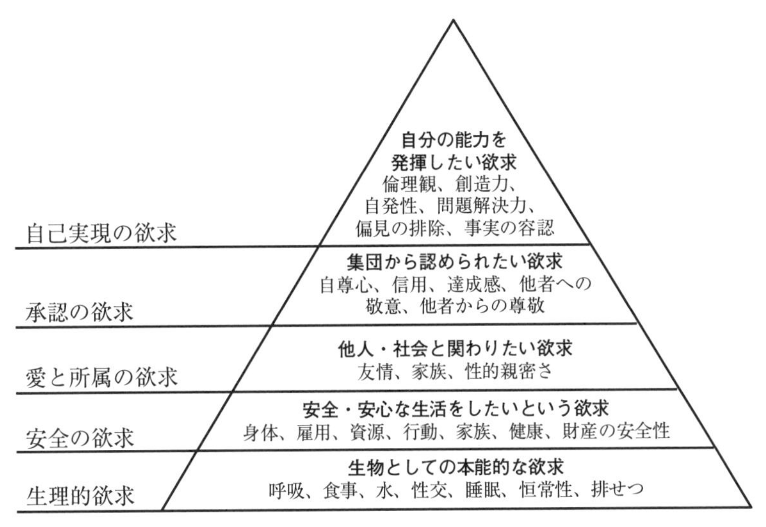

図-3.3 マズローによる欲求の階層（オリジナルを著者が和訳）

これが満たされると、第二階層の「安全（Safety）の欲求」を求めるようになる。安全・安心な暮らしがしたいという欲求となって現れる。そして、それがみなされると、その次は「愛と所属（Love and Belonging）の欲求」であり、集団に属したり、友人や仲間を求めるようになる。

ここまでの欲求は外的に満たされたいという低次の欲求であるが、これが満たされると、これ以降は内的な心を満たしたいという高次の欲求に変化する。第四階層は、「承認（Esteem）の欲求」であり、他者から認められたい、尊敬されたいというものである。そして、最後に「自己実現（Self-actualization）の欲求」に達し、より創造的な活動がしたいといった欲求が生まれてくる。

また、自分の危機に対しての思考の範囲、つまりどの範囲までの思考を経て危機の状態を思い描けるかという観点では、

- 自身に及ぶ危機
- 自身の家族や親戚に及ぶ危機
- 自身の所属する組織の危機
- 自身の地域の危機

- 日本の危機
- 地球規模の危機

に階層化される。つまり、個人の範囲に留まるのか、組織までなのか、あるいはさらに大きな国家や地球規模の範囲なのかということになる。環境問題に対する思考において、この階層は大いに的を射ている。どの範囲のことまで思考できるかは、そのような危機を理解する能力を持っているかそうでないかに依存し、そのようなものを持っている者は、そうでない者に比べてより広い範囲にまでその思考が及ぶことになる（**図-3.4**）。

技術者に求められる倫理は、「ひたすら真面目に、悪いことをせず、与えられた仕事を黙々と期限内にやりとげなければならない」ということだけではない。これは、一般の人々にも当てはまる普遍的なもの、つまり、時代とともにそう変わらない、いわゆる道徳として考えるべきことである。では、技術倫理とは何であろうか。その答えは、「自ら情報を収集・分析し、関連することがらを熟考した上で、自身が所属する組織や他者の影響から独立して倫理的意思決定を行うこと」である。つまり、自律性（Autonomy）に基づく意思決定を行うことであり、この自律的意思決定の価値基準が「倫理規定」あるいは「倫理規範」と言うべきものである。ここで、「自律的」とは「自ら律する」、「他人によってコントロールされない」ということであり、言い換えれば、「自分はどういう人間であり技術者になりたいか」ということである。

つまり、社会にとって技術者にとって、「法」による拘束はなるべくな

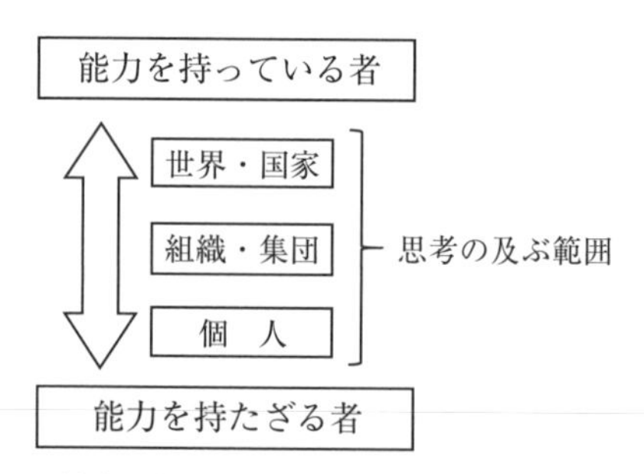

図-3.4　能力を持っている者と持たざる者の思考の範囲

い方がよい。そこで自身の持つ倫理規範としての自律性が非常に重要となる。この自律性およびそれに基づく個人の倫理観は、その生い立ちや文化に影響され、人柄や豊かさが反映されるものである。これが、倫理が法、道徳、マナーとは決定的に異なる所以である。

［5］ 志を抱いて

技術者の判断が他者に大きな影響を及ぼす可能性がある。技術者は一般の人が持ち得ない知識や知り得ない情報、および特別な能力を持っていることから、これらを「持つべき者」が果たすべき役割がある。例えば、劣化の進んだ橋梁があるとして、この橋梁を通行しても安全かどうかを一般の人は正確には判断できない。しかし、維持管理を行っている技術者には、ある程度の精度をもってそれが判断できることになる。そしてその判断した結果を正確に一般の人に伝達することで、彼らは安心して通行を続けられるか、通行をやめて遠回りするかを選択できる。このように「持つべき者」の判断には、純粋かつ崇高な使命感を伴う。

技術あるいは技術に基づいた能力を「持つべき者」、すなわちプロ（専門職）はエリートではない。技術者が「専門職（Professional）」であるということは、専門的な知識を持つ専門家としての技術者は、専門的な知識がない人にはできないこと行うことができるということを意味する。それに対応して、技術者は専門的な知識や技術を持たない人には課せられることのない特別な責務が課されることになる。技術者としての責任が問われるのは、自分の選択によって、他人に不利益が生じることを自分が予測している場合である。危険を予測できるなら、その危険性を人々に警告する責務や、その事故を未然に防ぐ責務といった、他の人には課されていない特別な責務が課されることになるわけである。

このように、専門的あるいは先端的な技術を手に入れる以上、技術倫理の理解は必須であり、ここに専門家としての倫理的な義務が生じ、高い倫理観が求められるわけである。高い倫理感とは、さまざまな価値観の受容である。一方、格差の拡大や科学技術の強大化・複合化が隘路となることがあり、これが使命感の志向性を決めるとともに、判断の難しさにもつな

がる。すでに述べたことであるが、技術者の職業倫理としての技術倫理としては、

- 自分の判断に自分としての根拠を持つこと
- それを他人に説明できること
- もし自分の判断が間違っていたと気付いたらそれを受け入れること

が求められる。

プロフェッショナルとしての自律的倫理規範を有する技術者となるためには、技術者の価値観を認識し、意思決定の原則を守り、倫理的な意思決定のステップを経ることが重要である。

技術者の一般的な価値観には、次のようなものがある[5)]。

- 国民および国家の安寧と繁栄
- 人類の福祉とその持続的発展
- 自然および多様な文明・文化
- 公衆の生命と財産
- 職務における責任
- 誠実義務および利益相反の回避
- 信念と良心
- 情報公開および社会との対話
- 事実に基づく客観性および他者の知的成果
- 成果の公表
- 自己研鑽および人材育成
- 規範の遵守
- 社会への貢献

そして、価値観に基づく技術的ジレンマとしては、「真実」と「忠誠」、「個人」と「社会」、「短期」と「長期」、「正義」と「情」の衝突などがある。

3.3 清きエンジニア

土木技術はインフラ整備等を通して、社会の持続・発展とそこに暮らす

人々の安全・安心を確実にするためのものである。社会インフラは大規模で完成まで多くの時間を必要とするため、公的資金を使って国民の生活基盤を整備・運営することになる。そこで、国民の生活に密接な関係を持つ社会インフラを「いかに安く効率的に」調達（整備）するかということが必要になる。品質と価格のバランスによる調達価値の確保のためには、

- 請負者の適正な選定基準の設定
- 性能や品質基準の明確化とその評価
- 工事の出来映えの評価
- 維持管理の評価

を行うことが求められる。また、インフラ整備には、企画･計画、調査･設計、施工、維持管理、撤去・更新という多くの段階をそれぞれに異なる技術者の手を経て行われている。したがって、各段階で特有の問題が内包される。企画・計画に関する問題としては、

- 予算獲得や事業推進が目的化している
- 不必要と感じる事業を推進する、などがあげられる。

調査・設計に関する問題としては、

- 発注者の意向に沿うことを前提として受注者が行動する
- 不可能な施工や維持管理を要求する
- 正当な対価を得ずに受注者負担で対応する、ことがある。

施工に関する問題としては、

- 利益確保・工期厳守のために安全性がおろそかになる
- 各種トラブルへのサービス的な対応をする、がある。

また、技術を研究開発する際においては、

- 捏造（Fabricating）
  －存在しないデータ、実験結果等を作成すること
- 改ざん（Falsification）
  －資料、機器および過程を変更する操作を行い、データ、得られた結果等を真正でないものに加工すること
- 盗用（Plagiarism）
  －他のもののアイデア、分析方法、解析方法、データ、論文または用

語を、当該者の了解または適切な表示なく流用すること

が考えられる。上記3つのことは、平易に言えば、学生のレポート作成においても当てはまる普遍的なものである。

いくつかの学協会等では、倫理規定や倫理規範を設けて、技術者に向けた一般的な倫理上の要点を示している。技術者自身は、これらを参考にしつつ自らの行動規範を定め、それに従って行動することが求められる。当然のことではあるが、自らの行動規範は技術者としての成長の過程において、適宜適切に修正されるべきものである。

3.4 技術倫理問題の解決に向けて

［1］ 倫理判断をより適切に行うためのプロセス

技術倫理の問題に直面した際、倫理判断をより適切に行うためのプロセスの一例として、①問題の認識、②問題解決策の立案、③問題解決策の実行、④結果の評価、というプロセスを示す[6)]。

① 問題の認識

- 倫理的問題を認識する。ただし、倫理的問題とみなすかどうかは、技術者次第である。
- 問題を認識できたら、それから倫理的な意思決定プロセスが開始する。
- 想像力と問題認識力を持って、何が問題や争点となっているのか、また、将来何が問題になるのかを認識する。

② 問題解決策の立案

- 事実関係を整理する。分析・評価力を持って、どんな事実が関係しているかを理解し、登場人物、時間、場所等を整理する。
- 法令違反の有無を確認する。
- 何が倫理的ジレンマかを見極める。
- 後述する各種テスト等を用いて実行策を決定し適否の判断を行う。
- 意思決定のための3原則に従う。

1) 最も多くの人のためになる一番よいことを選択する
2) 自分が他人にしてもらいたいことを選択する
3) 最も重要と思う規範に従って選択する

③ 問題解決策の実行

- 結果を恐れずに実行する。
- 価値判断力を持って、具体的にどのような行為をするのかを考える。
- 当事者意識を持って自律的に考えることが必要であり、考えのプロセスを説明する責任がある。

④ 結果の評価

- 予想どおりの結果であったか。
- 同様の倫理的問題がふたたび生じないためにどのような方策をとるべきか。
- 問題点の改善方法を考えながら再検討する。
- 個人として注意すべきことは何かあるか（例えば、自分の考え方を周りに明らかにしておく、仕事を変える、など）。
- 同様のことが次に起こった場合、より多くの支持を得るためにできることはあるか。
- 組織そのものを変える方法はあるか。

［2］ 個人の利益と全体の利益

公共事業を遂行する上で個人の権利や利益と全体の利益が対立する場合は多く見られる。その代表的な事例として、道路整備事業においてある土地を所有する個人が立ち退きや移転に応じないために道路整備が停滞し、交通渋滞や道路歩行者への危険など社会的な問題が解決しないことがある。個人の宅地の所有権と社会的利益はどちらが優先するのかを判断する際には、いろいろな考え方がある。

- 個人の権利は神聖で不可侵なので常に優先する。
- 社会や集団全体の利益は常に個人の権利に優先する。
- 個別事例においてどちらに従うことが正しいのかを判断する。

このような場合、どのようにして決めたらいいのか。そのヒントを与えるものとして次のような点を考えてみることが勧められる。

- その個人の権利はどれくらい重要なものか。
- 社会が受ける恩恵は、それなしでは重大な問題になるほど必要不可欠なものか。
- その他いろいろな倫理的判断のためのテストにかけてみる。

［3］倫理的判断ためのテスト

倫理的判断のための代表的なテストについて紹介する[7)]。

① 普遍化テスト

みんながそうしても不都合な結果にならないか。もしみんながわがままにふるまったら、もしみんなが守るつもりのない約束をするようになったら、など。

② 黄金律テスト

自分にされたときでも許せるのか。人をいじめたり、ハラスメントをしたりすることと同じことを自分にされていやか、など。

③ 公開可能テスト

自分の意図や行為を公表できるか。自分のしたことが新聞やテレビで報道されたら人々にほめられるか、非難されるか。ツィッターでつぶやかれたり、ブログに書かれたりしたらどうなるか、など。

④ 他者危害防止テスト

他人に危害をもたらすことにならないか。

⑤ 人間の尊厳テスト

人間の尊厳を傷つけることにならないか。

⑥ 自尊心テスト

それをすると自分の自尊心は傷つかないか。

⑦ 同僚によるチェックテスト

同僚に相談したら何というだろうか。

⑧ 専門家集団によるチェックテスト

学協会の倫理委員会や理事会はどのように考えるだろうか。

⑨ 組織の方針テスト

自分が属する会社などの倫理担当部署や顧問弁護士は、どのように考えるだろうか。

また、他の代替案より多くの功利を生むか、費用に対して便益は大きいか、どの方針にみんなが従えば功利が最大になるかを考えてみることも技術者としての最大の利害関係者である社会の功利をチェックするために必要であることも多い。

なお、これらテストの詳細は第2章および第4章にケーススタディも含めて詳しく述べている。

◎引用・参考文献

1）厚生労働省資料　https://www.mhlw.go.jp/content/000582876.pdf

2）国土交通省総合政策局：平成29年度建設投資見通し，2017

3）北海道：北海道高規格幹線道路網図，2015

4）丹保憲人編：人工減少下の社会資本整備－拡大から縮小への処方箋－，土木学会，2002

5）土木学会倫理規定教材作成部会：土木技術者の倫理を考える－3.11と土木の原点への回帰－，土木学会，2016

6）土木学会技術推進機構：土木技術者倫理問題－考え方と事例解説Ⅱ－，丸善，2010

7）環境・科学技術分野の専門職倫理ならびに応用倫理学関連領域における汎用型教育コンテンツの研究と開発，平成24年度北海道大学総長室事業推進経費プロジェクト研究成果報告書，2013

第4章 組織の倫理・技術倫理

4.1 倫理が組織を強くする

固いイメージや暗いイメージとして捉えられがちな倫理、あるいは利得にならないと思われがちな倫理が組織を強くする。倫理がエンドユーザの満足度を高め、組織の信用力向上に寄与して競争力を高めるだけではなく、日本が脈々と築き上げてきた品質大国としての信頼を守り、国難を乗り越える力を蓄え、日本を強くする。

4.2 倫理の歩み

■戦後復興と誇り

日本は、第二次世界大戦によって300万人を超すといわれる尊い命が失われ、国土は焼け野原となり、社会や組織は壊滅的なダメージを受けた。国民は、困苦と飢餓にうちひしがれ、国力は最貧国といえる状況にまで落ちたが、そこから懸命になって立ち上がり、国民が総力を尽くして高度経済成長を成し遂げ、戦後わずか30年で世界第2位の経済大国になり、冠たる技術大国・輸出大国・品質大国になった。

日本は、古来より幾度となく遭遇した大災害を何度も乗り越え、そして敗戦からも見事に立ち直った。その源泉は、日本人が有する「堅実さ」「勤勉さ」「正直さ」とともに、自分のことよりも地域や社会のことを重んじる精神にある。代々受け継がれてきたこの精神が日本をかたちづくっているし、日本人の誇りでもある。

■倫理軽視からの脱却

現在、組織の偽装・改ざん・瑕疵・隠蔽・談合・漏洩・捏造・盗用・不正・不祥事など（以下「不正・不祥事」）が後を絶たない。むしろ年を追うごとに数が多くなり、悪質さが増しているとさえ感じる。日本が培ってきた品質大国としての信頼が揺らぎ、日本のものづくりの信頼は世界の評価を急速に失いつつある。

なぜかを考察する前に、倫理について社会的な動向を振り返る。

1984年、中曽根首相が国会で「倫理、リンリと、鈴虫が鳴いているようだ」と倫理を皮肉った「鈴虫発言」があった。そしてこの発言が第1回新語・流行語大賞の銀賞を取ったこともあって、社会（国民）に倫理を軽視する風潮が蔓延し、倫理は長期にわたって停滞を余儀なくされた。

1990年代頃から企業や公的機関・行政・省庁・政府などで不正・不祥事が相次いで発覚し、大きな社会問題として顕在化した。また1993年には環境基本法、1994年には製造物責任（PL）法が施行された。これらを背景として不正・不祥事の発生を未然に防ぐリスク管理や技術倫理の必要性があらためて認識されるようになった。

1995年に技術倫理が本格的に注目され、技術系各学会（電気・電子情報・土木・建築・機械・原子力 等）で倫理要綱を策定して組織的な取組みが始まった。ちなみに工学系学会で日本最初の倫理規定は、土木学会が1938年に制定した「土木技術者の信条および実践要領」であり、1999年に倫理要綱として改定している。改定まで60年もの長い時を要しているが、この間は倫理そのものの存在をあまり意識する必要がなかったのかもしれない。

また1997年、日本学術会議が大学の技術者倫理教育の必要性を提案し、1999年に設立された日本技術者教育認定機構（JABEE）は、技術者教育の一つとして技術者倫理を掲げた。以来、種々の学協会や教育機関で倫理教育が継続的かつ着実に行われている。

日本経済団体連合会（経団連）の動向を見ると、1991年に発表した「経団連企業行動憲章」を1996年に改定し、1997年に「経団連企業行動憲章実行の手引き」で具体的なアクションプランを示している。そして98年頃、各組織で倫理綱領等が制定され始め、現在多くの組織でコンプライアンスの徹底、倫理要綱の策定、CSR（倫理的観点から事業活動を通じて自主的に社会に貢献する責任 等）の取組みが実施されている。

■形として社会実装された倫理

前述したように教育機関・学協会・組織などで倫理観を高める取組みが持続的に実施されている。これらの取組みは日本の技術力の礎になるだけでなく、国難とも言える将来のリスクに立ち向かう準備に他ならない。

現在、倫理教育を受けた人が組織の中核を担い、組織の意思決定に大きくかかわる時代になっている。

国民もメディアやインターネットを通じてリアルタイムに情報を得られることから、倫理観が高く信頼できる組織をみずから評価して、積極的に選択する社会になっている。

個人に目を向けると多くの人は「倫理の問題」に直面したときに、考え方としてほとんど正しい答えを導くことができる。倫理の教育を受け、組織の意思決定にかかわる人であればその正解率はさらに高くなる。大多数の人は正しい判断をすることを常に心がけているし、頭の中では自分のことを「そこそこ倫理的だ」と思っている。

このように個人が、そして組織や社会が倫理を身に着けた時代になり、形としてある程度の倫理が社会実装されたと言えるものの未だ十分とは言えない面があり、さらに先に進めることが必要である。

■正しい倫理の実践

ある程度の倫理観が社会実装されたにもかかわらず、組織の不正・不祥事が後を絶たない。近年これだけ不正・不祥事が多く発生する背景として、バブル経済崩壊後の平成デフレ、もしくは長引く不況によるコスト削減の影響があるのかもしれない。利益や効率を追求する価値観の変化や、複雑化・多様化する社会の歪みなどの影響も考えられる。

さまざまな要因が考えられるが、思慮しているだけでは問題は解決しない。

これだけ多く発生する組織の不正・不祥事を防ぐためには、これまでの教育機関・学協会・組織などの取組みに加えて、組織の持つ特性を踏まえたアプローチが必要である。

これまでのものづくりは、一人の技術者の高い倫理観によって立派に成立してきた。現在においても比較的小規模なものづくりは、一人の技術者の倫理観が大きな意味を持っている。しかし複雑化・多様化する社会において、ものづくりは複数の技術者で組織的に行う時代になり「技術者倫理」から「技術倫理」、さらには「組織の倫理」の重要性が増している。現在問われているのは、一人ひとりが、そしてあなたが考え方として頭でわかっている正しい倫理を、組織の中で実際に行動できるかどうかである。

4.3 組織の価値に直結する組織の倫理・技術倫理

本章で用いる用語、「組織」と「組織の倫理・技術倫理」について説明する。これらの用語はさまざまな定義や多様なとらえ方があり、これが正解というものが存在しないため、内容をより理解していただくことを目的として定義を述べる。

［1］組織の存在意義

■組織とは2人以上の活動

組織の定義は「共通の目的を持つ2人またはそれ以上の人々の活動」(Barnard, 1938年）に則る。このことから企業・研究機関・自治体・行政・政府・国家などすべてが組織となる。

個人と組織の関係を考える。多くの場合、一人の技術者は部門や企業の構成員であるとともに、国にも属している（**図-4.1**）。一人の技術者が原因で生じたミスでも組織の一員として活動している以上、その結果は組織の責任になる。どのような組織でもミスや失敗は必ずあり得るが、組織の倫理が正常に機能していればチェックが幾重にも働き、不正・不祥事に至ることはない。それが健全な組織のあるべき姿である。

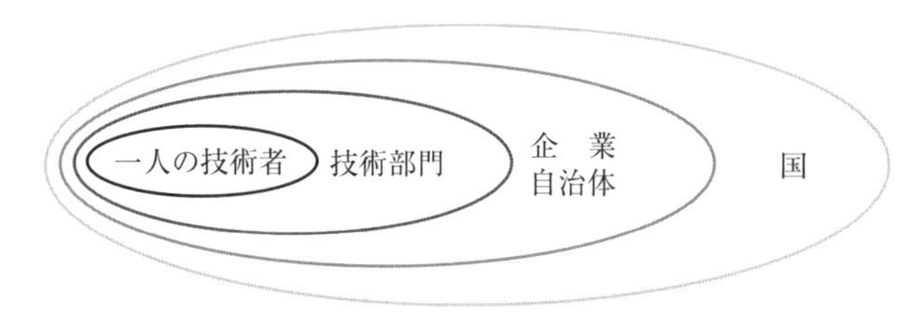

図-4.1　技術者と組織の関係

■組織の存在意義

すべての組織の存在意義は、限られたリソース（ヒト・モノ・カネなどの経営資源）の中で、エンドユーザの利益のために尽くすことにある。このためには組織の倫理が必要不可欠である。

エンドユーザとは通常、消費者・利用者・国民であり、次世代の人々なども含む。利益とは短期および中長期にわたる人々の安全、豊かな生活や幸福、社会の持続的な発展、生態系の維持、歴史・文化の尊重などを指す。

倫理的な思考（または行動）でしばしば意見がわかれるのは、その人の置かれている職域や職位の違いによる視野の違いや、現在を重視するか将来を重視するかなど時間軸の相違にある。

［2］組織の倫理・技術倫理

■多様な組織の倫理

ものづくりにおいて「個々の技術者に求められる技術者倫理」と「技術領域全般に求められる技術倫理」が重要なのは無論である。一方ものづくりは技術部門だけではなく、事務部門・営業部門・品質管理部門・監査部門などが複雑に関係して成立している。このため本章では技術倫理を包含した概念である「組織の倫理・技術倫理」を対象とする。

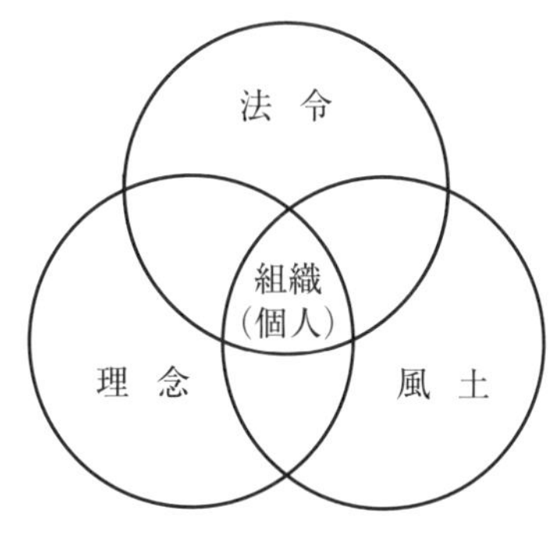

図-4.2　組織の倫理を構成する3つの要素

組織の倫理・技術倫理は法令遵守の精神、そして組織の理念（社是・社訓）や社風などが複雑に影響して長い年月をかけてつくられるものである（**図 -4.2**）。組織の倫理・技術倫理は組織ごとに異なるのが特徴で、これが強みになることもあれば弱みになることがある。

組織を動かしているのが個々人である以上、組織の活動において最も重要なのは一人ひとりの倫理観、すなわちあなたの倫理観である。

組織の倫理・技術倫理の特性として、①組織の数だけ倫理が存在し多様であること、②組織には多くの人（または部署）が存在するため必ずしも一枚岩でないこと、③個人では正解を導けることも組織であるが故に間違ってしまうことなどがあげられる。

■評価される組織の倫理観

国民や消費者は、信頼・安心・印象など倫理の領域で組織を評価して選択する傾向がますます強くなっている。このため組織の倫理観の高さが組織価値の向上に直結する。もし倫理観が低い姿勢や対応があると国民や消費者は素早く見抜き、時として組織の命運を分けることになる。

a. 法　律

法律は最小限の社会的な規範であり、倫理は自律的な判断や行動を律する規範である。

組織として法令遵守の体制ができていても、1 つの部署（またはたった一人）の倫理観が低い場合、そこで不正・不祥事が発生してしまう。したがっていかに組織全体で高い倫理観を保つかが重要となる。

法は問題が顕在化してから後追い的な整備になる場合がしばしばあるため、法の遵守を目標にしているだけでは組織価値の向上にならない。そのため組織価値の向上のためには、法でカバーされていない領域を含めた行動規範、すなわち組織の倫理・技術倫理が重要になる。

b. 理念（社是・社訓）

組織の倫理の根幹をなすのは組織の理念（社是・社訓）である。

理念（社是・社訓）は、組織の行動規範として成文化されている場合もあるが、その形態は組織によって千差万別である。例えば、創業時のポリシー、トップが繰り返し使うメッセージ、脈々と引き継がれている価値観などの方が、成文化されたものより根幹的な場合が往々にしてある。

理念（社是・社訓）は、その形態の如何によらず組織にとって最も大切なものであり、それが組織のアイデンティティ（独自性）の礎となる。歴史学者が「アイデンティティのない民族は滅びる」と表現するとおり、民族にとってアイデンティティが重要なのは無論のこと、組織にとっても重要である。理念（社是・社訓）は、アイデンティティの礎になるだけでなく、一人ひとりの倫理観に大きな影響を与える一番身近にあって最も重要な存在である。

c. 風土（社風）

組織の風土（社風）とは組織特有の伝統や考え方に加え、組織内の人間関係や働く環境など社員が感じる雰囲気などのことで、組織の倫理に少なからず影響を与える。

風土の具体的な例として「伝統を重んじる」「果敢に挑戦する」「能力や実績を重視する」などがある。他方、時として不正・不祥事を招くことがある風土として「他部署には口を挟まない」「自部署の最適化のみを重視する（いわゆるタコツボ）」「情報をあまりオープンにしない」などがある。

4.4 組織を強くする倫理・技術倫理

［1］ 組織の不正・不祥事

2010年以降に発生した組織の偽装・改ざん・瑕疵・隠蔽・談合・漏洩・捏造・盗用・不正・不祥事・事故などを組織名は伏せて**表-4.1**に示す。

組織の不正・不祥事は、組織がみずから引き起こす場合もあれば、外的要因で生じる場合もあるが、いずれの場合も倫理・技術倫理のないがしろや弛みが根底にある。

表 -4.1 近年発生した組織の不正・不祥事・事故

・製品の瑕疵	・欠陥商品回収	・製造物責任
・データ改ざん	・プライバシー侵害	・個人情報漏洩
・公文書の管理ミス	・機密情報漏洩	・事務ミス
・過労死	・労災事故	・安全衛生管理不良
・火災・爆発	・サイバーテロ	・コンピュータウィルス
・特許紛争	・風評被害	・インターネットでの誹謗中傷
・独占禁止法抵触	・公正取引法違反	・インサイダー取引
・横領・贈収賄	・不正取引	・反社会勢力による脅迫
・セクハラ	・モラハラ	・アカハラ
・粉飾決算	・乱脈経営	・役員スキャンダル
・不良債権	・金融支援の停止	・デリバティブ運用
・取引先倒産	・資金計画の失敗	・企業買収の失敗
・為替変動	・株価変動	・価格戦略の失敗
・放射能汚染	・設備故障	・輸送事故
・大規模停電・漏水	・水際対策の失敗	・列車・船舶・航空機事故

［**2**］ 安全と安心

2011 年に発生した東日本大震災から技術倫理の観点で忘れてはならない教訓を得た。政府・行政・企業などにおいて「安全・安心」はこれまで一括で用いられることが多く、明確に使い分けられていない側面があった。実は「安全」と「安心」の本質はまったく異なるにもかかわらず、混同して使われていたケースがあったことが被害や不安を大きくした一因でもある。

具体的な例をあげると、実際は危険を含んでいるにもかかわらず住民が「安心」だと思っていて避難しなかったケースや、実際は危険がなく安全であるにもかかわらず住民が「不安」に感じていたケースが多くあったが明らかになった。

「安全」とは客観的かつ科学的に説明されるべき問題である。「安心」とは主観的もしくは感情的な問題であり、受け取り手の気持ちにかかわるだけに倫理観の高い姿勢が求められる。このことを今一度再認識した上で防災に限らずすべての領域において「安全」と「安心」を明確に説明することが重要である。

［3］ 将来の危険に対する対応＝リスク管理

現在においてもこれだけ組織の不正・不祥事が発生している現状をみると、組織は日常のリスク管理をないがしろにしているか、またはリスク管理の本質が分かっていないと言わざるを得ない。

組織の不正・不祥事が根絶しない理由はさまざま考えられる。

例えば、組織においてリスク管理（事前の安全性向上）と費用（コスト）をトレードオフでとらえている限り、組織の不正・不祥事は根絶しない。倫理は建前であり本音は違うとか、利益や納期のためには多少の犠牲はやむを得ないとか、少しでも考えていれば本末転倒である。

組織は、発生頻度は低いものの発生した際の損失額が大きいリスクに対して、保険（リスク移転）で対応していることが多い。そして保険に入ったことで安心しているケースも見受けられるがそれは間違っている。なぜなら生じた損失は保険で補償されるかもしれないが、失った信用は保険で補償されない。長い時間をかけて築き上げた組織の信頼を守るのは、一人ひとりの意識であり、あなたの倫理観に委ねられていることを肝に銘じることが重要である。

組織のリスク管理を自動車の運転に置き換えて考えてみる。

保険に加入したからといって不注意な運転や乱暴な運転をする人はいない。運転者は保険加入の有無にかかわらず、普段から安全運転をするのが当たり前である。ほとんどの運転者は、常日頃から周囲の状況に気を配り注意深く安全運転を行っている。万一もらい事故になったとしても、受けるダメージを最小限にするため自己防衛としてシートベルトをしている。

これは一例であるが、これこそリスク管理である。運転者で考えると当然として行われていることが、組織では十分なリスク管理が必ずしも行われていない現状がある。

ちなみにリスク管理に関する規格として、リスクマネジメント国内規格 JIS Q 2001・リスクマネジメント国際規格 ISO 31000：2009 などがある。これらは一定の効果があるが誤解を恐れずに言うと、これらの規格をフルに活用したとしても、すべてのリスクに対して万全の予防策を講じるのは事実上困難である。

［4］ 不正・不祥事の発生時の対応＝危機管理

組織では、一人ひとりが普段から注意深く実務を行っていてもどうしてもミスは生じる。そしてそのミスが時として致命的な不正・不祥事に至ることがある（突然発覚することもある）。万一、組織で不正・不祥事が発生したとき、そのダメージをコントロールして正常に戻すのが危機管理である。

［5］ 組織のリスク管理と危機管理 1)

リスク管理と危機管理を対比して説明する。

組織の不正・不祥事の報道においてマスコミは、「リスク管理がマズイ」「危機管理がなっていない」とリスク管理と危機管理をあたかも同義語のように扱い、明確に使い分けられていないケースが見受けられる。しかしリスク管理と危機管理は、概念・目的・対処方法がまったく異なるため、それを理解して適切な対応を行うことで、組織はより一層強くなる。

リスク管理は、将来発生するかもしれないマイナスの事態に対する普段（日常）の対処であり、組織を安全に保つための活動である。他方、危機管理は、組織で不正・不祥事が発生した時の対処（ダメージコントロール）である（**表-4.2**）。

表-4.2 リスク管理と危機管理

	リスク (Risk)	危機 (Crisis)
マネジメント	リスク管理 （リスク　マネジメント）	危機管理 （クライシス　マネジメント）
語 源	絶壁の間を船で行く	将来を左右する分岐点
概 念	普段（事前）の対処	発生時（後）の対処
目 的	マイナスを防ぐ	マイナスを縮小する

■さまざまな考え方が存在するリスクとクライシス

ISO（国際標準化機構）2) は、「リスク」は「ある事態の発生確率と発生結果の組み合わせ」という広範囲な意味づけがされており、「リスク」の概念の中に危機が含まれるという考え方である。

危機管理は、1960年代のキューバ危機において政策概念として初めて国際的に認知された言葉で、現在は金融・貿易・食糧・人口・企業などさまざまな分野で用いられている。危機管理（クライシスマネジメント）[3)]は「リスクマネジメント」を含む上位の概念という考え方も存在する。

［6］ 存在する定石

不正・不祥事が発生したとき、対応のまずさによって問題をさらに大きくなってしまったり、対応が後手後手にまわっている事例が現在でも多くある。それらの事例に共通して根底にあるのは、自組織の保身を優先して考えるあまり消費者や国民をないがしろにする姿勢であり、一言で言うと倫理観の未熟さ、もしくは倫理観の欠如である。

組織のリスク管理・危機管理に特効薬はない。しかしいくつか事例を検証した1つの結論ではあるが定石は存在する。それは消費者・公衆・国民・次世代のことを第一に考え、倫理観に基づいた行動を取ることに尽きる。

組織では「リスク管理・危機管理」と「倫理」を別々にとらえているケースも見受けられるが、前者は縦糸、後者は横糸の関係であり、織り成されることでより強くなる。すなわち組織が強靭になる。

［7］ 倫理の力

リスク管理の効用はマイナスを防ぐことである。他方、危機管理の効用はマイナスを縮小することであるが、それに倫理が加わることでマイナスをゼロにするだけでなく、プラスにすることさえ可能となる（**図-4.3**）。

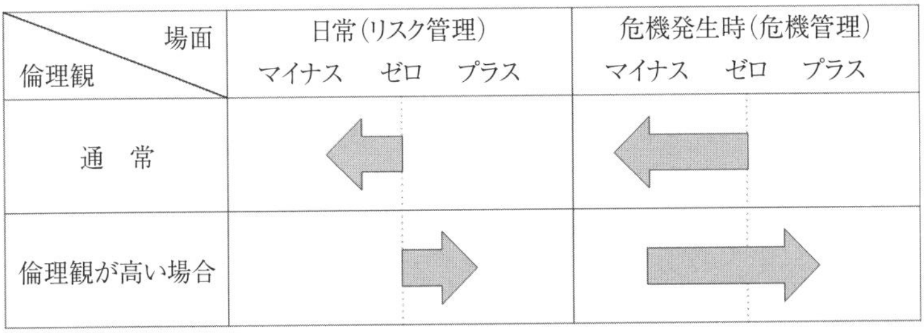

場面 ／ 倫理観	日常（リスク管理） マイナス　ゼロ　プラス	危機発生時（危機管理） マイナス　ゼロ　プラス
通　常		
倫理観が高い場合		

図-4.3　リスク管理・危機管理における倫理の効用

万一、危機が発生したとしても倫理観の高い対応がなされた場合は、組織イメージの向上につながることさえある。それは倫理が人の心を動かす力を持っているからである（※ p.112 に掲載した 4 つの成功事例を参照）。

マイナスがプラスに変わるということは、符号が逆転し、ベクトルが 180 度反転するということで、この違いは大きい。逆境においても人の心を動かしてプラスを創出することができるのが倫理の力であり、これが最大の特徴である。

［8］ 扇の要となる倫理

すべての組織は事業を通して消費者や社会に常に影響を与えている。万一、不正・不祥事が発生（あるいは発覚）した場合は、自組織のみならず社会にも深刻な被害を与えることを再認識した上で、日々の実務を行うことが重要である。

組織のリスク管理・危機管理の本質を理解するためには、国民の考え方を再認識することが肝要である。なぜなら国民は、発生した不正・不祥事の内容と同等以上に、その組織の倫理観（＝精神性）を評価する。もしそこに悪質さ、すなわち組織的な隠蔽・改ざん・常習性・リコール隠し・虚偽報告・言い逃れ・責任転嫁などがあると判明したときは一夜にして信用も何もかも失う。

リスク管理と危機管理は、それぞれ局面が違うため取るべき対応方法は異なるものの通底するのは、消費者や国民の安全・安心を第一優先に考えて倫理観の高い行動をすることである。実にシンプルであるが、このことができていない組織が多い。

経営層はもとより組織の一人ひとりが、そしてあなたが日頃から個々の持ち場において倫理的に正しい判断を行うことによって初めて、組織は国民や消費者から信頼を得ることができる。つまり組織にとって倫理が扇の要である。

4.5 倫理的視点による事例検証

■ファクト（公開された事実）

本章で扱うのは、ニュースや文献などで公開された事実（以下「ファクト」）である。

日々公開されるファクトによって市場（マーケット）が動き、世論が形成されているとおり、実社会はまさしくファクトで組織を評価している。そして評価の影響は信用失墜・売上減少・業績低迷・経営陣退場・倒産などに直結するためその時に公開されたファクトが何より重要である。

長い年月をかけて争う裁判も事実（不要証事実と要証事実）を対象としており、ファクトが何より重要である。ちなみに事実（fact）と真実（truth）は異なる。真実は心の内に秘めることや、時として墓場まで持っていくことがあり、真実が明らかになるとは限らない。

■倫理の視点で検証

事例検証で取りあげる事件・事故には直接的な原因があり、ほとんどは科学的解明がなされている。科学的な解明は同様ケースの再発防止にとても役立つ一方、直接的な原因に迫れば迫るほど個別具体の問題になってしまい、学ぶべき倫理の本質から遠ざかってしまう側面がある。

事件・事故の原因にはさまざまな遠因があり、遠因には組織の倫理観などが影響している。ここでは強い組織づくりに役立つ教訓を得ることを目的として、実際に発生した国内外の事件・事故のファクトを倫理の視点で検証する。

本章は倫理を中心に据えているが、実は倫理が目的ではない。目的は安全で豊かな社会、そして社会に貢献する強い組織をつくることであり、その目的にアプローチする手段として「倫理」や「リスク管理・危機管理」がある。

■倫理観が成否のカギ

報道では悪いことしかニュースにならない傾向にあり、私たちが学ぶべき本質が必ずしも伝わっていない。

ここで取りあげる事例は、事件や事故の特殊性・発生した時代や背景などが異なるため単純に「成功例」と「失敗例」に分けることは難しい。しかし①その時に組織が発信したメッセージと取った行動、②行動の背景にある倫理観、③その時点の国民（消費者）の評価、④その後の業績などを客観的に判断したとき、おのずから「成功例」と「失敗例」に分けることができる。その成否のカギは倫理観にあることを考察する。

■事例検証の視点

a. 消費者の安全を第一に考えて行動した成功例

この4つの成功例に共通するのは倫理観の高さである。普段の事業活動においては無論のこと、危機に直面した時にも組織一体となって倫理観の高い考え方と行動によって消費者から信頼を得た事例である。

(1)　J&J　毒物混入事件（1982年）【成功例】

(2)　参天製薬　異物混入事件（2000年）【成功例】

(3)　オダワラ社　集団食中毒事件（1996年）【成功例】

(4)　雪印乳業　八雲工場　集団食中毒事件（1955年）【成功例】

b. 過去の経験を生かせなかった失敗例

この事例は過去の失敗を教訓として活かせず、全く同じ原因で二度目の食中毒事件を起こしてしまっただけでなく、品質偽装の内部告発を招いてしまった失敗事例である。

(5)　雪印乳業　集団食中毒事件・雪印食品　牛肉産地偽装事件（2000年・2002年）【失敗例】

c. 自国機がハイジャックされた時の失敗例と成功例

1977年に発生した対照的な2つのハイジャック事件を対比して取りあげる。

(6)　ハイジャックへの対応　日本政府【失敗例】

(7)　ハイジャックへの対応　西ドイツ政府【成功例】

［1］ ジョンソン・エンド・ジョンソン(J&J) 毒物混入事件(1982年)【成功例】

(概要)[4),5)]　ジョンソン・エンド・ジョンソン(以下J&J)は、1886年に米国で設立され、当時画期的とされた衛生用包帯を世界で初めて大量生産・販売したヘルスケアの会社である。

鎮痛剤への毒物混入事件発生当時(1982年)、世界53カ国に165の支社を有し、年商は4億ドル、77 000人の従業員を擁していた。

1982年、J&Jが販売する鎮痛薬タイレノールに何者かが毒物(青酸カリ)を混入し7名が死亡した。当時、J&Jの収益の20%をタイレノールが占めていたことから同社の存続そのものが危ぶまれる事件となった[6)]。

事件直後、同社は消費者に対して「タイレノールは飲まないように」と警告を発した。同時に「混入の疑いのある製品をすべて回収する」と発表し、消費者の安全が何よりも大切だという姿勢を世に示した。世論には「シカゴで起きた事件であり、シカゴ周辺での回収で十分ではないか」という声があったが、J&Jは全米で自主回収を行った。推定8 000億ドル(当時のレートで約180億円)の損失を伴う決断だった[7)]。

事件に際して最高経営責任者そして幹部と社員が、消費者の安全を守るために心を一つにして働いた。このとき、数え切れないほどの意思決定と行動を支えたのが同社の倫理規定「我が信条」(**表-4.3**)である。同社は事件発生から2カ月後には異物混入ができないようにカプセルや包装方法を変更して出荷している[8)]。この事件によって経営へのダメージはあったものの3カ月後には90%まで売上が回復している[9)]。これは同社の安全を最優先する倫理観の高い姿勢を、消費者が評価した証左と言える。

当時は企業における危機管理の概念や体系立った手法は無かったが、J&Jは消費者の安全を守ることを最優先に考え素早く対応し、状況に応じた対策を次々行った。その結果、消費者を大切にする好ましい企業イメージが増幅され、消費者から信頼を得て事件後の業績はすぐに回復している。

この事件は危機管理という言葉が企業で用いられた世界で最初の事件である。

■核心は「我が信条」

J&Jは高成長・高収益の経営を継続的に実現している。その成長の核心は1943年に構築した「我が信条」にあり、現在も最小限の部分修正を行いながら脈々と継承されている（現在の「我が信条」は表-4.3参照）。

J&Jはみずから「……当社のたゆまない歩みの礎となり、絶えず適切な方向へと導く源泉となってきたものがコア・バリューである『我が信条』です。当社の企業理念・倫理規定として、世界に広がるグループ各社の社員一人ひとりに確実に受け継がれており、各国のファミリー企業において事業運営の中核です……」[10]と表明している。

ここでひとつ断っておくと、J&Jの倫理規定「我が信条」の内容が特に秀でているわけではない。白眉は「我が信条」の遵守を全社で実践していることにある。現在多くの組織で倫理規定が策定されており、その内容の方が優れているケースが数多くある。しかし多くの組織で問題なのは、倫理規定がともすればお飾りになっていることである。J&Jは「我が信条」の遵守を経営者を含めた社員全員の責務と位置づけ、社内のコミュニケーション・評価・サーベイなどを通じて理解を深めている。

■A4用紙たった一枚

一般的な企業では、社是・経営理念・倫理規定・ビジョン・ミッションなど、その企業の姿勢や行動を規定する文書は何種類もある。しかしJ&Jには「我が信条」というA4用紙一枚の文書が存在するだけであり、この一枚がすべての行動規範になっている[10]。「我が信条」は「顧客」「社員」「地域社会」「株主」という4つのステークホルダー（利害関係者）に対する責任を具体的に示している。

特筆すべきは、第一項ですべての顧客に対する責任を明言し、第二項ではすべての社員への配慮を具体的に言及し、第三項では地域社会に対する公益的な貢献、第四項で研究開発や先行投資の重要さをあげていること、そしてこれらすべてを行った上で最後に株主への報酬があると位置付けていることである（株主第一主義の米国において極めて異例である）。この1枚で同社の基本的な考え方、そして達成すべき目標と優先順位を明確に示している。

表-4.3 「我が信条」全文[11)]

我々の第一の責任は、我々の製品およびサービスを使用してくれる患者、医師、看護師、そして母親、父親をはじめとする、すべての顧客に対するものであると確信する。顧客一人ひとりのニーズに応えるにあたり、我々の行なうすべての活動は質的に高い水準のものでなければならない。我々は価値を提供し、製品原価を引き下げ、適正な価格を維持するよう常に努力しなければならない。顧客からの注文には、迅速かつ正確に応えなければならない。我々のビジネスパートナーには、適切な利益をあげる機会を提供しなければならない。

我々の第二の責任は、世界中で共に働く全社員に対するものである。社員一人ひとりが個人として尊重され、受け入れられる職場環境を提供しなければならない。社員の多様性と尊厳が尊重され、その価値が認められなければならない。社員は安心して仕事に従事できなければならず、仕事を通して目的意識と達成感を得られなければならない。待遇は公正かつ適切でなければならず、働く環境は清潔で、整理整頓され、かつ安全でなければならない。社員の健康と幸福を支援し、社員が家族に対する責任および個人としての責任を果たすことができるよう、配慮しなければならない。社員の提案、苦情が自由にできる環境でなければならない。能力ある人々には、雇用、能力開発および昇進の機会が平等に与えられなければならない。我々は卓越した能力を持つリーダーを任命しなければならない。そして、その行動は公正、かつ道義にかなったものでなければならない。

我々の第三の責任は、我々が生活し、働いている地域社会、更には全世界の共同社会に対するものである。世界中のより多くの場所で、ヘルスケアを身近で充実したものにし、人々がより健康でいられるよう支援しなければならない。我々は良き市民として、有益な社会事業および福祉に貢献し、健康の増進、教育の改善に寄与し、適切な租税を負担しなければならない。我々が使用する施設を常に良好な状態に保ち、環境と資源の保全に努めなければならない。

我々の第四の、そして最後の責任は、会社の株主に対するものである。事業は健全な利益を生まなければならない。我々は新しい考えを試みなければならない。研究開発は継続され、革新的な企画は開発され、将来に向けた投資がなされ、失敗は償わなければならない。新しい設備を購入し、新しい製品を市場に導入しなければならない。逆境の時に備えて貯蓄を行なわなければならない。これらすべての原則が実行されてはじめて、株主は正当な報酬を享受することができるものと確信する。

［2］ 参天製薬　異物混入事件（2000 年）【成功例】

（概要）[2),12)]　2000 年、参天製薬が販売していた目薬「サンテ 40 ハイ」に異物を混入した脅迫事件が発生した。参天製薬は 1890 年に創立された大阪市東淀川区に本社を置く、国内有数の医療・一般用目薬メーカーである。当時、従業員約 2,100 人を擁し、2000 年度の連結決算の売上高は 835 億円で、家庭用目薬の売上は総売上の 9 % を占めていた。

2000 年 6 月 14 日朝、参天製薬トップ宛てに速達便が届いた。封筒には目薬「サンテ 40 ハイ」のプラスチック容器 1 個とともに脅迫文が入っていた。犯人は脅迫文で 2 000 万円を要求し、従わなければ異物を混入した目薬を店頭にばらまくと脅した。

同社は、脅迫を受けた翌日に記者会見で事件を公表し、消費者への注意喚起を行った[13)]。そして対応方針として「消費者の安全を第一に考える」「不当な金銭的要求に応じるつもりはない」と発表した。報道によると大阪府警は「公表すると脅迫が他のメーカーに波及する恐れや模倣犯が続く可能性がある」として記者会見を見合わすように助言したが、同社は消費者の安全を優先して事件を公表した。そして市場に出回っている全商品（全国 7 万店・250 万個）をわずか 2 日で回収して、すべてを廃棄処分にした[14)]。事件後、改ざんの防止としてプラスチック製のラッピング包装を施した新商品を 2 週間後に出荷している。リコールに伴い経常利益で 13 億円の損失になったが株価はすぐに回復し、翌年の売上は増加している[15)]。

参天製薬は消費者の安全を第一に考え、さらにその姿勢を社会に示して行動したことで消費者の信頼を得た。当局の助言にも従わず、組織としての倫理を貫いたことは秀逸である。ちなみに経営トップは、1982 年に発生した J&J の毒物混入事件において、J&J が消費者の安全を最優先に行動したことを知っていたようである。

この事件は消費者の安全を第一に考え、そして過去の事件を教訓として危機を乗り越えた事例である。同社の対応についてメディアは「日本では恐喝事件で大手企業が事実を公表し製品を回収したのは初めてであり、危機管理上優れた対応として評価したい」[16)] など多くの賞賛を贈った。

［3］ オダワラ社　集団食中毒事件（1996年）【成功例】

（概要）[2),17)]　カリフォルニアに本拠を置くオダワラ社（Odwalla Inc.）は、1980年に創業しわずか15年で米国西海岸 最大の清涼飲料メーカーに成長した企業である。1996年、自社製ジュースによる集団食中毒事件が発生した当時、西海岸を中心とする7つの州とカナダで4 600店舗を擁し、果汁100％ジュースを製造・販売し、年商6 000万ドルをあげ600名の従業員を擁していた。

10月30日正午、オダワラ社CEOはシアトル保健局から「リンゴジュースがO157に感染している可能性がある。疫学的な関連性が疑われるので保健局は夕方に会見を行って消費者に警鐘する予定である」[18)]と連絡を受けた。

CEOは保健局から連絡を受けた直後にただちに幹部会議を招集して、①社として消費者の安全を最優先にする、②保健局に全面協力する、③すべてのステークホルダー（利害関係者）に情報開示するという3つの大方針を示した。同時に緊急時の社内体制として、a．現在のビジネスをする班、b．状況の展開に応じて戦略を練る班、c．保健局・メディア・消費者からの問い合わせに対応する班の3班に分けた。

そしてCEOはみずから会見をすることを決断し、保健局の連絡からわずか23分後に「わが社のジュースが汚染されている可能性がある。最も心配なのは発症者の安全と健康状態であり、我々は消費者の安全を最優先する」と発表し、ただちに回収を実行した[19)]。同社のリリースによると保険局から通報を受けてから30時間以内に取引のある4 600の小売業者のすべてと連絡を取り、48時間で全製品の回収を完了している。この時、問題のジュースと同じラインで製造しているジュースもすべて回収したことで被害の拡大が防止されているが、既に販売されていた製品により発症者数は65人になり、その内14人が重い腎臓障害を患った[20)]。

この時、同社は被害者に対して謝罪の意を誠実に表明し、まだ原因が特定されていない段階で医療費を全額支払い、患者を見舞っている。発表から10日後、残念なことに生後16カ月の幼児が死亡した[21)]。ちなみに犠牲になった幼児の両親は、社長の誠実な謝罪を受け入れて告訴は行わなかったという。

同社はメディアに対して常にオープンな姿勢を貫き、会見には微生物科学者が同席して専門家の立場から客観的な解説を行うとともに、最新の情報を伝えるために午前 10 時と午後 3 時に定例の会見を開催してメディアに情報を提供している。

この定例会見には実は大きな意味がある。報道機関は、新しい情報が得られないと「隠しているのではないか？」と疑心暗鬼になったり、担保のない情報で報道合戦になることがしばしばある。同社は定例会見を行うことを最初に伝えたことで、報道機関は必ず情報が得られるという安心感を得て、結果としてセンセーショナリズムの防止に寄与した。リスクコミュニケーション手法が確立されていない当時において定例の会見を行ったことは、「消費者にありのままを伝えて被害を食い止めたい、少しでも安心を与えたい」との思いからであり、倫理観の高い姿勢である。

同社は安全な製造方法が確立されるまで生産を停止すると発表していたが、同年 12 月に全米で初めての「瞬間低温殺菌法」を開発して、ジュースの生産を開始した。

これら一連の対応を経て事件後に行われた消費者の意識調査では、97％が「同社の対応と姿勢を評価する」と回答し、56％が「事故以前と比べ同社に好感を持った」と回答している。事件直後に 90％にまで急落した売上は、1 年後の 1997 年には 90％回復し、2000 年には事件前より大きく伸ばしている[22)]。

オダワラ社の優れた点は、消費者の安全を第一に考えたトップのリーダシップとともに、あらゆる問題の解決に全員で臨んだ組織力にある。なかでも特筆すべきは、人命・健康・安全が脅かされる事態に直面した時、一刻も早く消費者に注意を喚起するために直ぐに記者会見して大きな伝達能力を持つメディアに協力を仰いだことである。

私たちがこの事例を知っていたとしても、23 分後に記者会見を開くのは並大抵ではできない。同社の一連の事件対応について学者やメディアは危機対応のお手本と称賛した。

［4］ 雪印乳業　八雲工場　集団食中毒事件（1955 年）【成功例】

（概要）[23]　1955 年 3 月 1 日、都内の 9 つの小学校で給食に出された脱脂粉乳によって 1 579 人が食中毒症状を発症した。北海道の八雲工場で脱脂粉乳の製造時に発生した停電と製造機の故障によって、黄色ブドウ球菌が増殖したことで発生した食中毒事件である。

■素早い初動対応

1955 年 3 月 1 日に発生した食中毒事件に際して、雪印乳業（以下「雪印」）の対応は迅速だった。原因が究明していないにもかかわらず翌日には脱脂粉乳の販売停止を決断し、そして製品回収と謝罪広告の掲載・被害者への謝罪訪問や酪農家へのお詫びを社をあげて行った。

3 月 18 日、佐藤貢社長（当時）は全従業員を八雲工場に非常招集し、「信用が失墜するのは一瞬である。信用は金銭で買うことはできない。品質によって失った信頼は、品質によって回復する以外にはない」と涙ながらに訓示を行った。

この時の訓示「全社員に告ぐ」[24] は過去の事件に対する戒めとして、現在も雪印のホームページで全文が公開されている。

雪印の迅速かつ真摯な対応を見て、当初批判的だったマスコミや消費者の声はしだいに激励の声へと変わり、結果として翌年の売上は飛躍的に増えた。この事件の前は業界中位のメーカーに過ぎなかった雪印が、この事件を契機に躍進して一気に業界トップに躍り出た。

■世界に先駆けた危機管理の模範

危機管理の分野では、前述した J&J 毒物混入殺人事件（1982 年）の対応、オダワラ社集団食中毒事件（1996 年）の対応が危機管理のお手本と称されている。

しかし雪印はそれより 20 年以上前、自社製品の汚染が原因で招いてしまった危機事態（集団食中毒事件）に際して、消費者のことを第一に考えて行動している。

倫理観の高い行動であり、日本が誇るべき世界に先駆けた危機管理の模範がここにある。

■再発防止に向けた取組み

雪印は八雲食中毒事件の時の訓示「全社員に告ぐ」を、技術に対する過信と慢心の戒めとして、翌年から雪印グループ新入社員に配布している。そしてこの事件を苦い教訓として伝え、安全な製品づくりを心掛ける教育を継続的に実施していた。

■活かされなかった教訓

ところが1986年、雪印は新入社員に訓示「全社員に告ぐ」を配る伝統を止めている[25)]。八雲工場食中毒事件から30年が経過したので、もう十分だと考えたのかもしれない。訓示の配布を止めた真意はわからない。そして配布を止めてから14年の時を経た2000年6月、ふたたび食中毒事件を起こしてしまった。14年という歳月によって過去の苦い教訓は忘れ去られてしまったのだろうか。

雪印は自社のホームページで「八雲工場食中毒事件を風化させてしまい、その教訓を活かすことができなかったことが、2000年の食中毒事件の発生につながったとも言えます」[26)]と言及し、反省している。

■「全社員に告ぐ」を紐解く

佐藤貢社長の訓示「全社員に告ぐ」は、社員の心を動かし世論をも変えた。組織の倫理の視点で見ても示唆に富む。訓示は25センテンスで構成される長文なので、組織の倫理を考える上で特に重要な3つの部分を抜粋して紹介する。

a. 使命と誇り

訓示「全社員に告ぐ」を読むと少し大仰に感じるかもしれないので時代背景を補足すると雪印の源流は明治政府の政策に起因している。

当時、日本人の体格が貧弱なのは「牛乳を飲まず、肉類を食べないためであり、これでは欧米列強に伍していけない」という背景のもと国家事業として乳業が始まった経緯がある。

訓示の冒頭で、「……当社の使命は人類にとって最高食品である牛乳および乳製品を最も衛生的に生産し、豊富に国民に提供して国民の食生活を改善し、日本の食糧問題を解決し、ひいては国民の保健、体位の向上に資することにあるのであり、全従業員またこれに大なる誇りを持っているのである……」と雪印の使命と誇りを全社員にあらためて示している。使命と誇り、これこそ組織の存在意義であり、組織の倫理の根幹である。

b. 一人ひとりの意識

訓示の優れた点の一つは、八雲工場で発生した停電による食中毒事件に対して単に原因特定と再発防止策で済ますことなく、会社の使命を踏まえて全社員の取組みが重要なことを言及している点にある。

訓示の中盤で、「……事務と技術の如何を問はず、全社員が真にこの使命観に徹し、全社的立場において物を考え、各々の職責を正しくかつ完全にこれを果し、会社を愛する熱情に燃えて相協力し、他の足らざるところを互に相扶け、相補ない絶えず工夫し研究して時代の進運に遅れないよう努力するならば決して不可能ではない……」と事務と技術に関係なく全社員の意識が重要なことを訴えている。正に組織の倫理である。

c. 精神（＝倫理）

1955 年事故発生当時、八雲工場では脱脂粉乳の大量生産を目的として新機械を導入していたことがあって、訓示で機械を使う人の精神（＝倫理観）の重要性を説いている。

訓示の終盤で、「……いかなる近代設備も、優秀なる技術と細心の注意なくしては、死物同然であって一文の価値をも現さないばかりでなく、却って不幸を招く大なる負担となるのである。（中略）機械を如何に活用するか、その性能を百パーセント発揮するか否かは実にこれを使う人間にあるのである。そして人間の精神と技術とをそのまま製品に反映する。機械はこれを使う人間に代って仕事をするものであり、進んだ機械程敏感にその精神と技術を製品に現わすのである……」と機械が進化すればするほど人の精神（＝倫理観）が問われると警鐘を鳴らしている。

しかし 45 年後、雪印はふたたび同じ過ちを犯してしまった。45 年の間に雪印の組織規模は大きくなり、機械もはるかに進化していた分その影響が大きく、結果として戦後最大の食中毒事件となってしまった。

「機械が進化するほど使う人の精神と技術が敏感に製品に現れる」という訓示の言葉は、現在の日本のものづくりの危機を指し示しているかのようである。現代の技術者にこそ必要なメッセージであり本質である。

参考：雪印の設立経緯と 2000 年の食中毒事件までの主な出来事

1898 年に札幌で生まれた佐藤貢氏は、北海道帝国大学農学部を卒業した後、米国オハイオ州立農科大学で細菌学と乳業を学んだ技術者である。雪印乳業の前身、酪連の設立時（1925 年）から技師として参画し、1950 年、雪印乳業の社長に就任している。

幾多の苦難を乗り越えて雪印をトップメーカーへと導き雪印中興の祖と言われた傑物 佐藤貢氏は、101 歳の天寿を全うされ 1999 年に亡くなった。そして翌年の 2000 年に二度目の食中毒事件が起きてしまった（表 -4.4）。

表 -4.4　雪印の設立経緯と 2000 年の食中毒事件までの主な出来事

1923 年	大正 12 年	・関東大震災が発生 ・政府は物資欠乏と価格の暴騰に備えて、乳製品輸入関税を撤廃
1925 年	大正 14 年	・「このままでは北海道の酪農が挫折する。農民による農民のための生産組織を」という願いによって「北海道製酪販売組合（酪連）」を設立 ・創設者は宇都宮仙太郎・黒澤酉蔵・佐藤善七の三人
1940 年	昭和 15 年	・戦時下の大同団結で「北海道興農会社」設立（国策で統合）
1948 年	昭和 23 年	・GHQ から「過度集中排除法」の指定を受ける（国策で分割）
1950 年	昭和 25 年	・雪印乳業株式会社が新発足し、新社長に佐藤貢が就任（佐藤善七のご子息で、酪連創設時から技師として参画）
1955 年	昭和 30 年	・学校給食で 1 579 人が集団食中毒 ・マスコミは雪印の衛生管理体制を厳しく非難
1956 年	昭和 31 年	・訓示「全社員に告ぐ」を技術に対する過信と慢心の戒めとするために雪印グループの新入社員に配り、以降、毎年続ける
1986 年	昭和 61 年	・新入社員に訓示「全社員に告ぐ」を配る伝統を廃止
2000 年	平成 12 年	・二度目の集団食中毒事件発生

［5］雪印乳業　集団食中毒事件・雪印食品　牛肉産地偽装事件（2000・2002年）【失敗例】

（概要）[2),23)]　2000年当時、雪印乳業は、乳製品について国内で3割のシェアを有する最大手の食品メーカーだった。1955年に食中毒事件を起こしたものの、たゆまぬ努力によって乳業トップに、そして食品業界でも屈指の巨大グループに成長し、同年の連結売上高は約1兆3 000億円にのぼっていた（全国32箇所に工場を有し、従業員数約6 700人、傘下に「雪印食品」等112社を擁していた）。

2000年6月27日、雪印乳業大阪工場で製造した脱脂粉乳によって戦後最大の集団食中毒が発生した。これは同年3月31日、大樹工場の屋根をつららが突き破り、電気室に水が浸入して停電が発生したことが原因だった（奇しくも45年前に発生した食中毒事件とまったく同じ原因である）。事件発生後、次々に明らかになる事実や対応のまずさから長い年月をかけて積み上げてきた信用が失墜した。

2000年の食中毒事件で失った信頼の回復に取組んでいた矢先、今度は雪印食品の「牛肉産地のラベル貼り替え」が日常化していることが発覚した（2002年1月23日）。これは雪印の体質が変わっていないことを問題視する内部告発によるものであり、事件発覚から3カ月後に雪印食品は解散した。

この2つの事件の結果、約1兆3 000億円あった売上が2 800億円（約1/5）にまで減少した。

■後手にまわった初動対応

2000年に発生した食中毒に対して雪印乳業（以下「雪印」）の対応は、常識では考えられないくらいきわめて遅かった。後手後手にまわった。

雪印 西日本支社長が最初に会見したのは最初の苦情から2日後であり、本社社長が会見したのは4日後である。

雪印は自社のホームページで「事件直後の対応に手間取り、商品の回収やお客様・消費者への告知に時間を要したため、被害は13 420人に及びました」[27)]と対応の遅れを自戒している。**表 -4.5** に事件のあらましを示す。

表 -4.5　事件のあらまし

日付	雪印の対応
2000 年 6 月 27 日	子供が嘔吐・下痢などの症状を訴える連絡が入る
6 月 29 日	西日本支社長が初めての記者会見（発生から 2 日後）
7 月 1 日	本社社長が初めての記者会見（発生から 4 日後）
7 月 6 日	本社社長辞意表明（発生から 9 日後）
7 月 11 日	本社全国 21 工場の自主操業停止を発表
翌年 1 月 15 日	5 工場の閉鎖および本社ビル売却を発表
3 月 16 日	大阪府警が社長らを業務上過失傷害容疑などで書類送検
7 月 26 日	不起訴処分（嫌疑不十分）

■拡大した被害

1955 年の八雲工場食中毒事件のときは、原因が究明していないにもかかわらず消費者の安全を優先して販売停止を翌日に決断し、製品の回収を行った。しかし 2000 年の食中毒事件では、雪印の初動対応の遅さが発症者を増やし続け、消費者の安全をないがしろにする姿勢が信用を落とし続けた。

事件は 2000 年 6 月 27 日午前 11 時、お客様相談室に「子供（9 歳、6 歳、4 歳）が牛乳を飲んで吐いている」と苦情が入ったことが発端となった[27)]。その後保健所から再三の指導を受け、事件発生から 4 日後に社長が会見を行った時点で発症者数はすでに 6 000 人を超えていた。

社長が初めて開いた会見で「本件は発生から約 2 日後に知った」と発言して、問題が共有されていないことが明らかになった。会見に同席していた大阪工場長が「バルブに汚れが見つかった」と言うと、社長は「君、それは本当か」と声を荒げ、状況がまったく伝わっていないことが露呈した。発症者の健康状態や消費者の安全を気にするどころか、当事者意識すら感じられない姿勢が消費者の不信感を増長させた。

もし 45 年前に発生した八雲工場集団食中毒事件のときの対応を少しでも記憶し、教訓としていたら雪印の帰趨は違っていただろう。

最初の会見を行うまでの対応を**表-4.6**に示す。一連のやり取りで特に唖然とするのは、保健所の指導に従わない理由が「にわかに納得できない。根拠に欠ける社告ではかえって混乱が出る可能性も考えられる」という社内事情だったことである。業界トップになった雪印は、いつのまにか消費者の安全より社内事情を優先する組織になっていた。

表-4.6　保健所と雪印の対応

保健所の指導	雪印の対応
6月28日13時 ・大阪市保健所が、雪印乳業大阪工場へ立ち入り検査実施（この時点で原因は不明）	6月28日18時 ・雪印役員に情報が伝わるが「日付も地域もバラバラだ」[28]「まだ2件だ」[29]という理由で問題視しなかった
6月28日21時 ・大阪市が雪印乳業に対して製造自粛・回収・事実公表を指導	
6月29日1時 ・保健所はあらためて雪印乳業担当者に対し、製造自粛・回収・社告を指示 ・厚生省へファックスで事件の発生を報告	6月29日未明 ・原因不明の段階では「にわかに納得できないし、お詫び広告を出すべきかについては、その内容をどうするか判らず、根拠に欠ける社告ではかえって混乱が出る可能性も考えられる」[29]という理由で、朝一番で保健所の見解を再度確認することにした
6月29日9時 ・保健所は再度社告を指示	6月29日14時 ・雪印乳業が社告決定を保健所に連絡[28] 6月29日21時 ・西日本支社長が初めて記者会見を開き、対応が遅れた点について「東京の役員らとの協議に時間がかかり、社内の意思決定が延びた」[30]と社内事情を説明 7月1日15時 ・本社社長が初めての記者会見を実施

■内部告発

2000年に発生した食中毒事件で失った信頼の回復に取組んでいると思っていた矢先、2002年1月23日の報道で雪印食品の「牛肉産地のラベル貼り替え」が日常化していることが発覚した。これは「雪印体質は変わっていない」という内部告発によるもので、これによって雪印ブランドは決定的に地に落ちた。

■社員一同による謝罪広告

内部通報によって不正が発覚してから2カ月後の3月24日、北海道新聞そして全国紙朝刊に『雪印社員一同の謝罪広告』が掲載された。これほど赤裸々な謝罪広告は過去に見たことがない。

謝罪広告は冒頭、「……私たちが犯してきた悪質な行為の数々。本当に申し訳ございません……」と始まる。

そして雪印らしさ、すなわち自分たちの組織風土を、「……自分さえ良ければ（助かれば）いい、すべて他人事。すべて他人のせいにする。これが今までの、企業・雪印の人格です。これこそが社員ひとりひとりの中に、多かれ少なかれ巣くっている悪しき『雪印らしさ』です……」と告白している。

犯してしまった数々の違反行為を反省し、悪しき精神にまで言及する雪印社員一同の告白は衝撃的である。

2000年の食中毒事件において組織の風土を変えることができず、立ち直すことができなかったのは、本来、経営陣や管理職者の責任である。彼らはこの謝罪広告をどのような気持ちで読んで、何を感じたのであろう。このような告白をせざるを得なかった雪印社員の気持ちを思うといたたまれない。

希望は、「……これからお前たちはどうするのだ。そうした問いに対し、情けないながら、現在まだ明確にお答えできる段階に至っておりません。ただ、ひとつ。社員からなる『雪印体質を変革する会』をスタートさせました。私たちは、私たちのこれからを見ていてほしいと心から思っております……」と明言していることである。

■雪印食品解散――原因は企業倫理に反したこと

偽装発覚から3カ月後に雪印食品は解散した。

雪印は牛肉産地のラベル貼り替えの原因について、「最大の原因は当事者の考えや上司の指示がコンプライアンスや企業倫理に反するものであったということは否めません。事件が顕在化してから3ヶ月後の2002年4月末に雪印食品（株）は解散しました」[31]とホームページに掲載している。

■致命的ダメージ

2002年1月23日の報道で発覚した「牛肉産地のラベル貼り替え」から約2カ月後（3月28日）に開いた記者会見で、社長ら取締役全員が引責辞任で総退陣すること、および事業の売却や人員削減等を骨子とする新経営再建計画などを公表した[32]。そして雪印は単独での再建計画を断念し、2003年1月、雪印乳業・全農・全酪連の3社を経営統合して日本ミルクコミュニティを設立し「MEGMILK（メグミルク）」ブランドを構築した。(日本ミルクコミュニティは後の雪印メグミルクとなる)。

一連の経過のなかで倫理の視点で特に注目すべきことは「消費者からの信用」である。

2002年6月に就任した新社長は「雪印の名前は見たくも聞きたくもない」と言われ、「果たして雪印ブランドを残す価値があるのか」と自問し、「会社がつぶれると全員が思った」と語っている[33]。また2002年11月に雪印が実施した消費者調査で「雪印製品を購入したくない」という回答が47%にのぼり、消費者からの根強い不信感があることが明らかになった[34]。

一時的な赤字でつぶれることはないが、消費者の信頼を失ったら企業は存続できない。消費者の安全を優先しない姿勢（倫理観）によってみずから招いた結果とはいえ、代償はあまりに大きすぎる。

■信用回復に向けた取組

雪印は失った信頼の回復に向けて①経営改革、②品質保証、③企業倫理構築、④お客様満足、⑤企業風土改革の5つの取組みを実践している[35]。

特筆すべきは⑤企業風土改革のなかに『雪印社員一同の謝罪広告』に記

されていた社員の自主的な活動からなる『雪印体質を変革する会』を位置付けていることである。

■業績の回復

2つの事件後の業績を見ると2004年（実質的な初年度）の売上高は2 485億円にまで減少したものの雪印の努力の結果があって、約10年後の2015年には5 498億円と約2倍になり、2016年は5 783億円、2017年は5 879億円、2018年は5 961億円と着実に少しずつ回復している[36)]。

■再発防止に向けた雪印の取組

雪印のその後の再発防止の取組を追ってみる。雪印では2つの事件（食中毒事件・牛肉産地偽装事件）を教訓として、食の責任を強く認識するとともに事件を風化させないために、2つの事件が発生した6月と1月に全社一斉活動を毎年実施している[37)]。また雪印の人材プログラムはOJT（On-the-Job Training）による社内技術の伝承や各種社内研修などを通じて風土づくりに力を入れており、2013年には雪印メグミルクの人材育成プログラムが優秀企業賞（日本能率協会マネジメントセンター）を受賞している[38)]。

これらの活動を見ると三度目の食中毒事件はもう発生しないと少し安心できるものの、2000年の食中毒事件から実はまだ19年しか経過していない。前回の食中毒事件は45年後に発生しているのでけっして楽観はできない。2002年に就任した新社長が「取り返しのつかない問題を起こしてしまったわけですから10年や20年で信頼が回復するはずはありません。不祥事をけっして忘れません。それは私どもが再生を誓った原点です」[40)]と語っているとおり、雪印のたゆまぬ努力こそが消費者の安全を守る。その実績をコツコツ積み上げることによって雪印は消費者の信頼を勝ち得て、選ばれ続ける組織になる。

雪印が起こしてしまった事件から立ち直るために懸命に努力し続ける現在の姿は、多くの教訓を私たちに与えている。雪印が生まれ変わろうとする懸命の努力が報われることを願ってやまない。

［6］ハイジャックへの対応　日本政府【失敗例】
［7］ハイジャックへの対応　ドイツ政府【成功例】

1977年に発生した2つのハイジャック事件を失敗例と成功例として取りあげる。

a. 日本政府の対応

1977年9月、日航機がダッカ空港（バングラデシュ）でハイジャックされた。151名の乗員・乗客の人質の救出に際して、日本政府は「人の命は地球より重い」と福田赳夫首相が声明を出して、ハイジャック犯の要求を人道主義の立場から苦渋の決断で全面的に受け入れ、日本で服役中および拘留中の9人の犯罪者を超法規措置で釈放するとともに、600万ドル（当時16億円）の身代金を渡して事件を解決した。

当時、日本の世論はこの対応をめぐって賛否両論がわき起こった。そして世界から「日本はテロに弱腰のテロ支援国家」として批判された。このときに渡した身代金が彼らの軍資金となり、釈放された犯罪者らの手によってその後世界各地で多くの人がテロの犠牲になった。

b. 西ドイツ政府（当時）の対応

1977年10月、西ドイツのルフトハンザ機がモガディシオ空港（ソマリア）でハイジャックされた。西ドイツ政府はハイジャック犯が出した収監されている仲間の釈放と身代金の要求に対して、政府は「テロリストや過激派とは一切交渉せず」として退け、対テロ特殊部隊を投入した。

特殊部隊突入からわずか数分で犯人の3人を射殺し、1人を逮捕した。乗客86人全員の救出に成功したが、この銃撃戦で隊員1名とスチュワーデス1名が軽傷を負った[41)]。

対テロ特殊部隊が存在することに当時世界は驚いた。西ドイツの対テロ特殊部隊の威力を目の当たりにした米国は、対テロ戦闘能力の重要性を認識して対テロ専門特殊部隊（デルタフォース）を同年11月に創設した。そして日本も西ドイツの対応を教訓として対テロ作戦部隊を同年11月に発足させている。

■対応の考察

事件に直面して、日本政府・西ドイツ政府（当時）とも「犠牲を最小限にする」ために最善を考えた行動を取った。

日本は予測できない遠い未来のことより、目の前のことを優先して「現在の犠牲」を最小にする方法を選択した。一方、ドイツは目の前で多少の犠牲があったとしても「現在と将来を含めた犠牲」を最小にする方法を選択した。行動を支配するのは価値観であり、この価値観の違いが翌年のサミットで取りあげられた。

表 -4.7　1977 年に起きたハイジャックへの対応

発生年月	1977 年 9 月	1977 年 10 月
事件	日航機がダッカ空港（バングラデシュ）でハイジャック	西ドイツ（当時）のルフトハンザ機がモガディシオ空港（ソマリア）でハイジャック
声明	人の命は地球より重い	テロリストや過激派と一切交渉せず
価値観	「現在の犠牲」の最小化	「現在と将来を含めた犠牲」の最小化

■翌年のサミットでの決議

ハイジャック事件から 1 年後（1978 年 7 月）に開かれたボン・サミットにおいて、前年に発生した「ハイジャック問題」が取りあげられた。法の尊厳を守ること、同種の犯罪の再発を防ぐこと、小の犠牲があったとしても大を生かすという考え方などが議論された。その結果「ハイジャック犯に譲歩しない」ことが決議されて、日本も署名した。命は尊貴である。尊貴であるがゆえ、命に対する考え方が日本と欧米とでは明らかに違うこと、そして日本の考え方は世界の趨勢と異なることが浮き彫りになった。

日本政府が出した「人の命は地球より重い」という声明は一見人道的であるが、サミットでの議論の結果や釈放した犯罪者らによって多くの人が犠牲になった現実を踏まえると失敗だったと言わざるを得ない。

■対照的な決断

余談であるが北海道洞爺湖サミット（2008 年）に際して、「ハイジャックされた航空機がサミット会場を標的にする航空テロが発生した場合、警告に従わない時は治安出動に基づいて航空機の撃墜を検討する方針」を政府（福田康夫首相）は発表した[41]。

一国を担った父と子は 30 年の時を経て対照的な決断を選択した。

■現実は決断を迫られる（トロッコ問題とは異なる）

ハイジャック事件と局面はまったく異なるが、命の選択を考える倫理学の思考実験として英国の哲学者が 1967 年に提唱したトロッコ問題がある。

トロッコ問題とは「5 人の命を助けるために他の 1 人の命を犠牲にするのは許されるか？」を問う古典的な倫理問題である。

思考実験の結果、大多数が「5 人の命を助けるために 1 人の命を犠牲にすること（功利主義）」を選択し、少数は「いかなる場合でも誰かの命を利用すべきではない（義務論）」を選び、その他として「よい結果を得るためにわざわざ悪い行動を取るべきではない（二重結果論）」を選ぶなど、さまざまな考えが存在する。これらさまざまな考え方の根底にあるのは個々人の「正義」の違いである。

トロッコ問題は提唱されてから 50 年経ってもけっして答えが出ない究極の問題であるが、思考実験なので喧々諤々と議論をする時間はたっぷりある。

しかし先述したハイジャック事件などは、目の前で人命が危険にさらされ一刻の猶予もない。実社会は決断の連続である。集中と選択という中長期の議論ではない。「何を守り」「何を犠牲」にするのか、重大な決断を迫られる。似た局面として、災害に直面したときの判断も同様である。

危機に直面したそのときに必要なのは、現在のみならず将来のリスクを最小限にすることを考え抜くことであり、決断を最終的に支えるのは確固たる価値観と倫理観である。

［8］事例検証のまとめ

本項で、事例検証として取りあげた7つの事例から導いた3つのポイントを次に示す。

a. 起きたことにどう対応したか（対応していたか）で非難される

人（組織）は起きたことで非難されるのではなく、起きたことにどう対応したか（していたか）で非難されると言われるとおり、対応のまずさ（＝倫理観の低さ）から信用を失う事例が後を絶たない。

事例検証で成功例として取りあげた雪印（1955年）・J&J（1982年）・オダワラ社（1996年）・参天製薬（2000年）は消費者の安全を最優先に行動したことで信頼を得て、さらに業績を伸ばした成功事例である。

一方、失敗例として取りあげた雪印（2000年）は、後手後手にまわった事例である。危機に直面したときに躊躇している時間はない。判断を誤れば組織が致命的なダメージを受けるかもしれないそのときに迅速果断な行動を支えるのは、組織の倫理である。

b. 倫理観のない対応が組織の存続を左右する

消費者（国民）は組織の倫理観を評価する。もし組織的な悪質性（隠蔽・改ざん・常習性・リコール隠し・虚偽報告・言い逃れ・責任転嫁 等）があると判明したときは一夜にして信用も何もかも失う。まさしく組織の存続を左右するのは、組織の倫理である。

c. 日頃の実務において一人ひとりの意識（倫理観）が大切

組織の日常においてリスクは多様であり、事前にすべての予防策を講じるのは事実上困難である。リスク管理の要諦は一人ひとりの倫理観にある。あなたの倫理観が、組織を守り体質を強くするだけでなく、顧客の満足度を高めて信用力の向上に寄与し、組織の競争力を高める。

組織における日常の活動（リスク管理）、そして時として突然襲いかかる（発覚する）危機的な事態への対応（危機管理）において、一人ひとりの倫理観が最も重要である。

4.6 ゆで蛙シンドローム（経験に学ぶ）

ぬるま湯のまずさ、イメージすることの大切さ、経験することの貴重さを伝える寓話「ゆで蛙シンドローム」を紹介する。この寓話の神髄は「事にあたって、みずからしようとする気持ち」があるかどうかである。ここでは雪印を事例として取りあげながら「ゆで蛙シンドローム」について一考する。

a. image しようとしないものはmanage できない

1匹目の蛙を冷水の入った鍋に入れてガス台にかける。温度がゆっくり上昇する。蛙は「もうこれ以上熱くなるはずがない。最後には冷めるに違いない」と鍋の中に留まり、ついに死んでしまう。

b. image しようとすればmanage できる

2匹目の蛙は、湯を張った鍋に入れられた時に危機的状態を直ちに認識し、ジャンプして何とかその場を逃れた。火傷はしたが生きている。

c. 経験に学ぶ気持ちがあれば難なく対応できる

3匹目の蛙は、前の2匹の行動を見ていたので警戒して鍋の中に入ろうともしない。

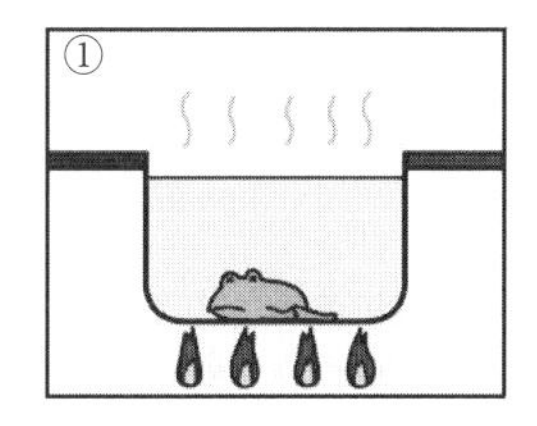

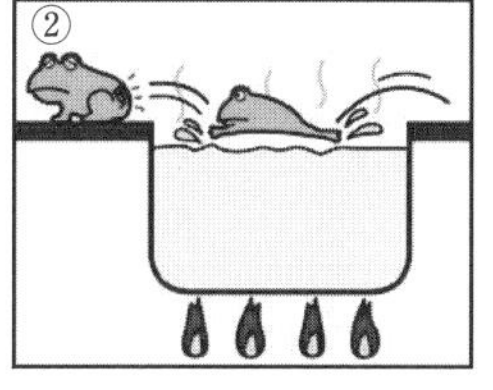

© Masaoka

図 -4.4　ゆで蛙シンドローム　イメージ図

a. image しようとしないものは manage できない

想像力の欠如や緊張感の弛みが組織をぬるま湯状態にする。

雪印が 2000 年に起こした集団食中毒事件では、日常の不正・不祥事が後から明らかになった。例えば、社内規定では 1 週間でバルブを洗浄するはずが 10 日となり、2 週間となり、事件発覚時は 20 日以上も洗浄していないことが判明した[42]。

環境に慣れて適応する人間の能力は、長所であるが短所にもなる。組織の日常において徐々に変化すること、例えば、規律の緩みや安全確認の漫然化などには気がつきにくく、それが蔓延すると致命的なダメージに至ることがある。すなわち、あなたがイメージしようとしなければ対応（マネジメント）できない。

b. image しようとすれば manage できる

雪印は1955年の経験を忘れてしまい教訓として活かすことができず、二度目の集団食中毒事件を起こしてしまった。過去の食中毒事件を風化させずに教訓としていたら、2000年の食中毒事件は防げた可能性があったと思うと返す返すも残念であり、雪印が払った代償はあまりにも大きい。

失敗経験は組織にとって一番の教訓となるが、大きな失敗を積み上げている組織はそうそうない。そこで参考になるのが他の組織の失敗例であり、最も教訓を得られるのが成功例である。自社の経験だけでなく、他組織の事例を教訓とすることでイメージの幅が広がりマネージの奥行が深くなる。すなわち、あなたがイメージしようとさえすれば対応（マネジメント）できる。

c. 経験に学ぶ気持ちがあれば難なく対応できる

2000年の食中毒事件は過去の失敗や教訓を組織全体で共有することと、新しい世代にもしっかり伝え続けることの大切さを物語っている。

現在、雪印は2000年6月と2002年1月に発生した2つの事件（集団食中毒事件・牛肉産地偽装事件）を教訓にするために、そして風化させないために事件が発生した6月と1月に社内ミーティングを毎年実施している[38]。

具体的な活動の一例をあげると、①事件のテレビ報道をまとめたDVDを視聴して事件を風化させないための意見交換、②お客さまセンターに届いた「お客様の声」としてお叱りの声ではなくお褒めの声も取りあげて、お客さまを大切にする意識の共有、③現場にいた従業員をパネラーとして参加させて事件後にどのような危機が会社を襲ったか当時の体験を語るなどの取組みを実施している[43]。

どのような組織にも失敗は必ずある。問題はその経験を教訓にできるかどうかにかかっている。すなわち、あなたが経験に学ぶ気持ちがあれば普段の実務がより確実なものになるとともに、たとえ災いがあったとしても難なく対応できる。

4.7　倫理観の低さが国レベルの影響を招いたケース

前項では１つの組織（J&J・参天製薬・オダワラ社・雪印乳業）の事例を検証した。もし組織のリスク管理が失敗したときの影響は一つの組織だけに止まらず、国家的な問題にまで及ぶことがある（**図-4.5**）。

リスク管理の失敗が国レベルに影響を及ぼした事例として、セウォル号沈没事故（2014年）と日本のものづくりの信頼を揺るがす問題（2017年）を検証する。

国家 ＞ 企業 ＞ 本部 ＞ 支店 ＞ グループ ＞ チーム　等

組織で起きた
アクシデント(✖)は
上部の組織に影響を与え
最悪の場合
国家的な危機を招く

図-4.5　現場のリスク管理が不適切だった時の影響

［1］ セウォル号　沈没事故（2014年）

2014年4月16日朝、6 000トン規模の大型客船セウォル号が仁川港から済州島に向かっていたところ韓国南西部の珍島付近の海上で転覆後に沈没して、死者約300人と行方不明者５人の犠牲を出した。

沈没事故が報道されたときの映像に映っていたのは救助に駆け付けた小さなゴムボートとヘリコプターであり、沈みゆく船に対して成す術もなく無力だった。事故の惨状とともに多くの人に疑問視されたのは、船長が下着姿で逃げ出した姿で、「逸早く逃げようとしたのでは」「乗客を装ったのでは」と憶測を呼んだ。

■ローマ教皇が発した異例の声明

沈没事故から8日後に異例の声明があった。

世界で最も影響力のある人物の一人であるローマ教皇フランシスコは、「セウォル号沈没事故の技術的、人為的な問題点は別として、この事件をきっかけに韓国国民が倫理的に生まれ変わることを望む」と声明を出した。ローマ教皇の声明は事故の「原因」よりも「どう対応したか」を問うたもので、正鵠を得ている。

ローマ教皇の声明の対象は、船長でも関係機関でも政府でもなく、全韓国国民である。その内容は反省や猛省を促すというレベルではなく、倫理的に、つまり人として生まれ変わることを望むというこれ以上ないくらい強烈なメッセージである。まさに国レベルの危機である。

ローマ教皇が発言した時点で報道されていた内容を次に示す。

船会社…………18年経過した老朽船の客室・荷室を改造して、重心が51 cm高くなり不安定になる。貨物積載制限の4倍近い3 608トンを積載していた。

運航管理者……航海士が提出した「積荷状態良好」の点検報告書を受け取っただけで、船に乗って確認していなかった。

船級協会………非常時に1 000名を乗せることができるボート40艘の内、正常に機能するものは1つもなかったが、協会は「救助設備良好」と判定を出していた。

海　軍…………軍の救助船2隻が現場に到着したのは事故翌日だった。1隻は訓練中、もう1隻は整備中で、迅速な対応ができなかった。

海洋警察………海難訓練を過去6年間1度も行っていなかった。16日午前に海洋警察の巡視船へリコプターが現場に到着したが有効な救助活動が実施できず、海洋警察はよもや沈没するとは思っていなかったと弁解した。

海上交通管制…セウォル号と海上交通管制の通話の混乱により乗客の救助活動が遅れた（31 分間で 11 回の通話）。

119 番…………119 番に最初に通報したのは乗客の高校生で、船が傾き始めて 3 分後に「助けてください！　船が沈んでいると思います」と訴える通報が入った。119 番はパニックになっているこの生徒に対して、船の「経度と緯度」を何度も尋ねて時間を費やした。

大統領…………朴前大統領は、ほぼ船が水没した約 7 時間後に対策本部に現れ「（乗客が）救命胴衣を着けているのに発見が難しいのか」と、状況を把握していない発言をした（後に韓国大統領府は朴氏の当日の行動に関する全資料を原則 30 年間公開しない「指定記録物」にした）。

■1 つの組織でも機能していたら……

起きてしまった事に対して「もしも」は禁物だと言われているが、再発防止を考察する上で「もしも」を考えることは意味がある。次に関係組織の対応を振り返る。

仮に、船会社が違法な改造をしなければ、運行管理者が積荷の状態をしっかり確認していれば、この事故は未然に防げたかもしれない。

仮に、船級協会が救助ボートを機能するように指導していたら、船員は高校生を避難ボートに誘導して救助することができたかもしれない。

仮に、海軍・海洋警察・海上交通管制・119 番が即応できて救助に向かっていたら、事故の被害を少なくすることができたかもしれない。

事件に関係したこれらの組織が、仮に 1 つでも機能していたら被害を最小限にすることができ、救えた命があったと思うと残念である。

■本質は倫理観欠如

この事故が通常の事故と違って国レベルの危機に至った本質は何か。

沈没事故が発生したことが問題の本質ではない。この事故に際して、組織が機能していれば救うことができたであろう幾多の命を救えなかったことが問題の本質である。この痛ましい事故が偶然の結果なのか、必然の結果なのかを考えると後者と思わざるを得ない。各組織がことごとく、ただの1つも機能しなかった結果、幾多の命が犠牲となった。この事件で特筆すべき点を2つあげる。

1つ目は、乗客にその場に留まるようにアナウンスをし続けたことが痛恨の極みである。乗客を守るべき船長や航海士・操舵手・機関士ら全乗組員15人はみずから逸早く脱出して救助されている。念のため大韓民国船員法をみると「船長は緊急時に際しては人命救助に必要な措置を尽くし、旅客が全員降りるまで船を離れてはならない」と規定されている。しかし船を預かる船長と個々の現場に就く船員に「乗客を守る」という意識（倫理観）がなければ、法律は何の意味も持たない。そして私たちは倫理観の無い人に、人の命を預けることはけっしてできない。

2つ目は、韓国大統領府が朴前大統領の当日の行動に関する全資料を、原則30年間公開しない決定をしたことである。これはセウォル号沈没事故をしっかり検証した上で再発防止策を講じるつもりがないという国家としての意思表明であり、犠牲者やご遺族のみならず、すべての韓国国民にとってこれほど不幸な決定はなく、度し難い。

［2］日本のものづくりの信頼を揺るがす問題（2017年）

■揺らぐ日本の信頼

米紙ニューヨーク・タイムズ（2017年10月12日）は1面トップで「日本のイメージに打撃（BLOW TO JAPAN'S IMAGE）」を見出しとして掲げた。そして本文で「日本はものづくりの質への評価を頼りにしてきたが、神戸製鋼所の検査データ改ざん問題に加え、日産自動車の無資格検査問題やタカタの欠陥エアバッグ問題など大手メーカーの一連の不祥事によって日本のものづくりの評価が損なわれている」と報じた。

日経産業新聞は同年仕事納めの日（2017年12月28日）、不正が多かった一年を総括して「品質不正 代償は1兆円」と見出しを付け、日産自動車・神戸製鋼・SUBARU・三菱マテリアル・東レの実名をあげて「2017年、相次いで発覚した不正に株価は鋭く反応し、一連の不正・不祥事の代償は

5社で1兆円に達する」と報じた。

この記事は不正発覚直後の損失を数値として評価しやすい株価で表したものであるが、5社の損失は株価だけにとどまらない。

長年築きあげてきたブランドイメージの失墜、そして信頼低下による顧客離れ、リコール費用や売上の減少などの損失は多岐にわたり、その影響は数年に及ぶことが考えられる。

どのような企業でも一時的な赤字ですぐにつぶれることはない。しかし、社会の信用を失ったらあっという間につぶれる。消費者の信頼を失い2002年に経営統合した雪印は懸命の努力によってなんとか生き残ったが、最悪のシナリオとして自動車部品メーカー大手のタカタのように経営破綻（2017年6月）となると、その損失は図りしれないものとなる。

■日本の国難

一つひとつの不正・不祥事は当該企業が引き起こしたものであり、その責任は当然その企業に帰着する。しかし、時を同じくしてこれだけ多発すると、ニューヨーク・タイムズが警鐘を鳴らしたように日本全体の問題になる。もはや日本のものづくりの信頼が根幹から揺らぎ始めていると言っても過言ではない。真価が問われている。

言い古された言葉であるが、信用を得るのには長い時間を要するが失うのは一瞬である。

日本がものづくりの信頼を失うと代替品や代替社への転換などによって、中長期的に国力の低下につながることは明らかである。もし日本がこのまま組織の不正・不祥事を断ち切れない場合は、正に国難である。

■国難に立ち向かう唯一の方法は倫理観の高い行動あるのみ

メイド イン ジャパン（Made in Japan）は、高い品質としてまだ信頼を得ている。品質はものづくりに携わる者にとって誇りであり命である。

しかしこのままでは近い将来、「メイド イン ジャパン＝粗悪」と評価を受ける可能性がある。

分岐点（ピーク）は過ぎ去ってから初めてわかることが多い。

50年後、100年後の後世の人々から2017年が分水嶺だったと言われないよう、これらの不正・不祥事を他山の石として、ものづくりに携わる私たちが倫理観の高い行動を実践することが必要である。

日本を世界に冠たる技術大国・輸出大国・品質大国へと導き、信頼を築き上げたのは先達の努力の賜物である。信頼は何もしないで得られるものではなく、倫理観のある行動の一つひとつの積み重ねによって得ることができた尊いものである。その信頼をより堅牢にして、豊かで力強く明るい社会を次の世代に渡すことが私たちの責務である。

4.8 この症状に要注意

一人ひとりが高い倫理観を有しているのにもかかわらず、組織において倫理観のある行動が取られているとは限らない。近年これだけ組織の不正・不祥事が多く発生している現実が示唆している。

多くの組織はなぜ間違った行動を取ってしまうのか。ここでは、組織が持つ特性を踏まえたアプローチとして、陥りやすい留意すべき点を考察する。

まず、事例検証やこれまでの経験から導いた5つの問題点を症状としてあげる。次に、その問題の本質を明らかにするために関連する理論を紹介し、組織として倫理を使いこなす（身につける）ための処方箋として対応方法を述べる。

もし、あなたの組織、またはあなた自身において、次の症状が見られる場合は的確な対応が必要となる。

症状1……無意識で倫理に反する（倫理の死角）
症状2……誤った結論を導く（グループシンクの罠）
症状3……善意が時として危機を招く
症状4……異なる倫理体系を混同している
症状5……空気が支配している

［1］ 症状1：無意識で倫理に反する（倫理の死角）

a. 問題点

自分のことを「そこそこ倫理的だ」と思っている人でも、無意識で何気なく、いとも簡単に倫理に反してしまうことを、組織の倫理を考える最初の症状としてあげる。

倫理の問題だと提示されれば、倫理的な思考で答えを導くことができる人であっても、目の前のことを倫理的な問題だと認識していなければ、日々の実務において見過ごしたり、間違った判断をしてしまうことが少なからずある。「気づかなかった」と言われれば二の句が継げない。組織にとって最も危険なケースである。

b. 関連理論

ベイザーマンらは著書「倫理の死角～なぜ人と企業は判断を誤るのか～（2013年）」[44]の中で、個人や組織は自分の倫理性を過大評価し、限定された倫理性を持つことを「倫理の死角」と指摘している。平易に言うと、人は何が正しいかを知っていたとしても非倫理的な行動を起こすことがあり、意識と行動の間にはギャップがあるという。

ベイザーマンらは判断を誤る理由として、自分の倫理性を過大評価していることに加え、さまざまなバイアス（身内びいき・日常的偏見・目標達成のプレッシャー・自己中心的な考え方等）の影響によって、倫理を度外視した判断を直感的に下してしまいがちであるという。そして意思決定の時に正しい判断を行うためには、直感的思考と論理的思考を比べた上で、慎重に判断することが大切だと指摘している。

c. 対応方法

関連理論では、組織の意思決定においてもし少しでも違和感を感じたら、直感だけで判断せず、熟考することの必要性を示唆していると理解できる。

組織が無意識で何気なく倫理に反してしまう一因として、意思決定や判断の時に明確に反対の意思表示をするほどのことでもないと思ってついつい頷いたり無言だったりして、知らず知らずの内に同調していることがある。これは、人間の弱さが関係していることから性弱説と言われる場合もある。組織の中で、もしあなたがストンと腹落ちしない場合はすぐさま反対の意思表明をしないまでも、内容をもう一度確認するなど「倫理のワンクッション」を入れることが大切である。

無意識で何気なく倫理に反してしまう別な要因として、前例踏襲や習い性が無難という考え方にも問題がある。情勢が変化し複雑化・多様化する現代において、これまでと同じということで良し悪しを判断しない漫然とした姿勢、あるいは問題に気づいたとしても改善を先送りするような思考を防ぐためには、日頃から意識して前例踏襲や習い性には欠陥が潜むと考えた方が良い。

［2］ 症状2：誤った結論を導く（グループシンクの罠）

a. 問題点

「赤信号みんなで渡ればこわくない」という言葉があるが、赤信号と認識していればまだマシである。現在発生している組織の不正・不祥事を見ると、赤信号と認識することなく、みんなで危ない方向に進んでいるように感じる。これは一致団結してみんなで同じ方向を向いて脇目もふらずに突き進む、いわゆるグループシンクの症状が現れていると言える。

b. 関連理論

グループシンクとは、社会心理学者ジャニスが1972年に提唱した概念で、「集団で合議を行う場合に不合理あるいは危険な意思決定が容認される現象、または決めたことがらが大きな過ちにつながる現象」を指す学術用語であり、「集団志向」「集団浅慮」と訳される。グループシンクを平易に言うと「一人で考えれば当然気づいたことが、集団で考えたがゆえに見落とされる」現象である。

ジャニスはグループシンクの症状として「自分たちを過大評価する、楽観的な幻想を抱く、自分たちの価値観を押し付けて倫理を無視する」などをあげている。

c. 対応方法

グループシンクは大企業や優良企業ほど陥りやすいといわれている。それは大企業ほどユーザと直接的に接することのない職員が多くなり、ユーザの気持ちを読む機会や反応を得る機会が少なく、結果としてユーザ本位ではなく自組織本位になってしまうためである。また、わが国は古来より「和」を重んじることもグループシンクに陥りやすい一因と言える。

グループシンクに陥ることなく、組織の倫理を正常に保つためには、①異なった意見を十分に受け入れ、②建設的な批判を重視し、③選択肢の分析に時間をかけるなどを心がけることが必要である。

［3］ 症状3：善意が時として危機を招く

a. 問題点

2000年の雪印食中毒事件では、停電後に製品化した脱脂粉乳を検査したときに毒素を検出している。この時点で汚染された原料を、すべて廃棄処分にしていれば事件に発展しなかった。しかし、工場の人は高熱処理をすれば使えると考え、再溶解して原料に戻して出荷した。実はこの毒素は加熱処理で死なない耐熱性がある種類だったため、結果として食中毒を引き起こしてしまった。工場の人にこの知識がなかったのが、食中毒事件の直接的な原因である。

さらに遠因を探ると工場の人は「そのまま捨てては**もったいない**と思って再利用をした」と言っている[45)]。この言葉が真実だとすると少しやっかいである。

もったいないという意識は日本人の美徳の一つで、創意工夫や改善の源であり一見善意である。しかし、もったいないという意識が雪印食中毒事件のように組織解体につながるような最悪の結果を招くとしたら、組織には倫理的にどのような対応方法があるのだろう。

b. 関連理論

ヨーロッパの諺「善意の道は地獄に通じる（The road to hell is paved with good intentions)」は、古くは12世紀頃から現代に至るまで、政治家、将軍、文学家などが使ってきた言葉であり、いろいろな訳や解釈がある。

この諺がこれだけ長く、さまざまな解釈で使われている理由として、含蓄に富むことや本質を示唆していることに加えて、「善意」に対していまだ明確な対応策が存在しないため、この諺を用いて注意喚起するしか術がないことが関係している。

倫理を考える上ではL. L. Nash（1993年）が示した「ほとんどの過ちは、過ちを犯すと予期していなかった人によってなされる」という解釈が最も参考になる。この諺は「善意の間違い」は「わかりやすい悪」よりもはるかに恐ろしく危険だということを実に上手く表現し示唆している。

c. 対応方法

いかにも悪い（または悪意のある）間違いは、わかりやすい。誰から見ても悪いことが明白なので、チェックしやすい。判断が特に難しいのは、善意による間違いである。

良い人や善意の人が「正しい」とは限らない。やっかいなのは善意の持ち主が「自分は正しい」と確信していることにある。それが一見善意に見えるから見過ごされていることがある。そしてこの一見善意は多くの場面で同調されて支持を得たり、意思決定の場で力を持ったりして組織が間違った方向に進むことがある。

対応方法を考える。例えば、雪印の集団食中毒事件の例で考えると、もったいないという善意（意識）が結果として組織の存続を左右したことから、善意であったとしても徹底的に排除するルールをつくるという対応方法が思い浮かぶものの、そもそも善意をルールで縛るべきか、縛ることができるものなのか、実効性の面で懸念が残る。

別な対応方法として諺「善意の道は地獄に通じる」、すなわち「良かれと思って行うことでも悲劇的な結果を招く」場合があることを、より具体的に再認識することである。

一人ひとりが心の片隅にこの諺を置いて「倫理のアンテナ」を高くすることで、善意を起点とした失敗を防ぐことができる可能性がある。

［4］ 症状 4：異なる倫理体系の混同

a. 問題点

社会において、根本的に異なる倫理体系があるにもかかわらず、明確に使い分けていなかったり、混同したりしていることをあげる。

組織の中で経験した具体的な一例をあげて説明する。他社との関係性において「オープンにする」と判断したケースと「オープンにしない」と判断したケースがあった。この判断について、組織内の若手から「この前と言っていることが違う」とクレームを受けたことがある。この経験もあって、場面ごとに存在する組織の多様な倫理と、それを使い分ける考え方をしっかり共有することが大切だと実感している。

b. 関連理論

ジェイコブズは著書「市場の倫理と統治の倫理（2003 年）」[46] の中で、人類誕生以来、現在も 2 つの倫理体系が存在するという。

1 つは、商取引など他者との協力関係を築くのに必要とされる「市場の

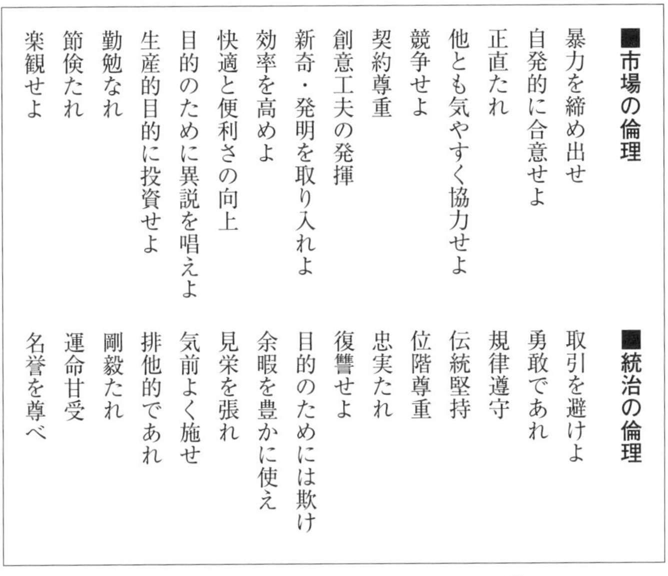

図 -4.6　市場の倫理と統治の倫理 15ヵ条 [49]

倫理」であり、もう１つは、集団の秩序を維持するための「統治の倫理」である（**図 -4.6**）。

人間には根本的に異なったこの２つの必要性があるため、倫理や価値にも根本的に異なる体系があり、両方とも有効で必要であると指摘する。この２つの倫理は独立して一貫しており、どちらが正しいとか間違っているというものではなく、２つとも必要であり、両方を混同しないことが重要だと著者は指摘している。

そして多くの人は異なる倫理体系の存在を直観的には理解しているものの、法律・企業活動・科学・立法府などにおいて倫理にかかわっている人々は、これらの倫理体系を一緒くたにしながら、たまたま出会った具体的な倫理問題に取組む傾向があると言い、社会に共通する課題であると指摘している。

c. 対応方法

例えば、倫理教育を受けた学生が企業に入ったときにさまざまな上司に出会うことになる。

① 学会等で他社と協調して業界の発展に尽くしている上司（市場の倫理）

② 入札等で優位性を保つために自社の技術を磨いている上司（統治の倫理）

③ 日頃、上記①と②を同時に実践している上司（２つの倫理）等

上記①～③の例をジェイコブズの倫理体系で説明すると、上司①は業界の発展のために「自発的に合意せよ、他とも気やすく協力せよ、正直たれ 等（市場の倫理）」の倫理観で行動している。上司②は自社が入札で受託するために「取引を避けよ、目的のためには欺け、見栄を張れ 等（統治の倫理）」の倫理観で行動している。このように①と②の上司はまったく異なる倫理で判断している。また上司③は組織内で双方の役割を担っていて、本質的にまったく異なる「統治の倫理」と「市場の倫理」を状況に合わせて適切に使い分けている。この例は企業における実際の一場面である。

社会において、このような多様な倫理体系があることを認識できていな

い新入社員は様々な上司を見て「組織において倫理は無きに等しい」と勘違いしてしまうことがある。せっかく身につけた倫理から遠ざかってしまうことがないように、社会には場面ごとに求められる倫理があることをしっかりと伝えることが大切である。

ここでは新入社員に例えて説明したが、ジェイコブズは「法律・企業活動・科学・立法府などにおいて倫理にかかわっている人々はこれらの倫理体系を一緒くたにしている」と指摘しているとおり、確かに明確に使い分けられていないケースが多く見受けられる。社会、そして組織や部署には、多様な倫理が存在することを再認識するとともに、あなたの組織の倫理をしっかりと伝えていくことが重要である。

［**5**］ 症状5：空気による支配

a. 問題点

2017年の流行語大賞に「忖度」が選ばれた。忖度とは本来、他人の心情を推し量ることや、推し量って相手に配慮することの意味であったが、2017年以降は権力者の意を汲み取るという悪い印象の言葉になってしまった。古くは1983年に山本七平が、物事は場の「空気」で決まると指摘している（＝空気による支配）。

この「忖度」と「空気」に共通するのは、間違っていると心で思ったとしても沈黙してしまうことであり、察してしまうことである。この兆候が少しでもあると組織にとって好ましくない結果を招く場合がある。沈黙してしまう背景として日和ったり、自分を保身したりする気持ちが少なからずある。

b. 関連理論

山本七平は著書「空気の研究（1983年）」[49]の中で、現代の日本は空気が絶対権威のような力をふるっていると指摘している。

例えば、「ああいう決定になったことに非難はあるが、会議の雰囲気では……」
「あの時の社会の空気も知らず批判されても……」
「その場の空気も知らず偉そうなこと言うな……」　等々

何かの最終決定者は「人でなく空気」であり、「空気が許さない」という雰囲気だと言っている。この「空気」は「ムード」と呼ばれることもあるという。だが、日本人の祖先がこの危険な「空気の支配」にまったく無抵抗だったわけではなく、打ち破る手段として「水を差す」という方法を民族の知恵として知っていると指摘している。

c. 対応方法

組織において「空気を読む」ことは、暗黙裡の状況を推察してコミュニケーションを円滑にする意味で一般的に良いとされていることも多いが、一方で「空気を読む」ことは「空気の支配」に陥る危険性があることを認識することが大切である。特に、倫理が少しでも絡む問題において、「空気を読む」ことは組織のリスクとなる。

日々の実務の中で、「空気」に対抗する唯一の手段は「水を差す」こと、つまり現実を指し示すことである。例えば「本当に大丈夫ですか……」「ちょっとまずくないですか……」と勇気を持ってやんわりと切り出すのが良い。しかし、この言葉は、これまで同じ空気の中にいた人には、なかなか言えないのが欠点である。そのため「自由にものが言える風土」「健全な対立関係を良しとする風土」をつくることが大切である。

別な観点からもう１つ対応方法を述べる。

近年、多くの地方のまちが人口減少や高齢化によって衰退しているが、活性化に成功した事例から「若者・バカ者・よそ者」が注目されている。若者とは強力なエネルギーを持つ者、バカ者とは従来の価値観の枠に捉われない者、よそ者とは既存の仕組みを批判的に見る者である。

「若者・バカ者・よそ者」は、これまで組織内の人と同じ空気の中にいなかったが故、その場の「空気」に対して比較的容易に「水を差す」ことができる貴重な存在である。このことを認識した上で、ともすれば軽視し敬遠しがちな「若者・バカ者・よそ者」の意見に耳を傾けることが肝要である。

「自由にものが言える風土」「健全な対立関係を良しとする風土」「若者・バカ者・よそ者の意見を聞く姿勢」が、空気の支配を打ち破り、組織の倫理観を高め、強い組織づくりの一助となる。

［6］ まとめ

現代において問われているのは、一人ひとりが、そしてあなたが、考え方として頭で理解している正しい倫理を組織の中で実際に行動できるかどうかである。

「蟻の一穴から天下も破れる」という言葉のとおり、たった一人の些細な倫理の欠如が組織に致命的なダメージを及ぼすことがある。組織を守り、組織を強くするのはあなたの倫理観である。

組織の不正・不祥事が多く発生する理由として、組織であるが故の難しさが存在する。日常の判断や行動において留意すべき問題点（症状）と対応方法をまとめる。

症状1：無意識で倫理に反する（倫理の死角）

問 題 点：自分のことを「そこそこ倫理的だ」と思っている人でも、無意識で何気なく倫理に反してしまうことがある。これが組織にとって最も危険なケースである。

対応方法：意思決定などに際して直感だけで判断しないこと、そしてもしあなたがストンと腹落ちしない場合は、もう一度内容を確認するなど「倫理のワンクッション」を入れることが大切である。また前例踏襲の弊害を防ぐためにも、日頃から意識して「倫理のワンクッション」を心がけることが重要である。

症状2：誤った結論を導く（グループシンクの罠）

問 題 点：近年発生している組織の不正・不祥事には、一致団結して皆で同じ方向を向いて脇目もふらずに突き進む、いわゆるグループシンク（集団浅慮）の症状がみられる。

対応方法：グループシンクに陥ることなく、組織の倫理を正常に保つためには異なった意見を十分に受け入れ、建設的な批判を重視し、選択肢の分析に時間をかけるなどの配慮が必要である。

症状 3：善意が時として危機を招く

問 題 点：「もったいない」「良かれと思う」などの善意が、時として組織を危機に招くことがある。本人は「自分は正しい」と確信しているし、一見善意に見えるからこそ実はこれが一番難しい。

対応方法：「善意の道は地獄に通じる」、すなわち「良かれと思って行うことでも悲劇的な結果を招く」場合があることを、再認識することが必要である。あなたの心の片隅にこの諺を置いて「倫理のアンテナ」を高くすることで、善意による失敗を防ぐことができる可能性がある。

症状 4：異なる倫理体系を混同している

問 題 点：社会や組織において、根本的に異なる倫理体系（市場の倫理と統治の倫理）があるにもかかわらず、明確に使い分けていなかったり混同したりしている。

対応方法：社会や組織には、場面ごとに多様な倫理が存在することを再認識するとともに、あなたの組織の倫理を伝えていくことが重要である。

症状 5：空気が支配している

問 題 点：間違っていると自分の心で思ったとしても、組織の中では沈黙してしまうことがある。これは空気による支配とも言われ、背景として日和ったり、自分を保身する考え方が少なからずある。この兆候が少しでもあると、組織にとって好ましくない結果を招く場合がある。

対応方法：「自由にものが言える風土」「健全な対立関係を良しとする風土」「若者・バカ者・よそ者の意見を聞く姿勢」が、空気の支配を打ち破り、組織の倫理観を高め、強い組織づくりの一助になる。

4.9 一人ひとりの倫理観が組織を強くする

［1］ 平成を代表する技術者であり経営者に学ぶ

鹿児島大学工学部を卒業した技術者であり、京セラや KDDI を創業して世界的な企業へと成長させ、2010 年、戦後最大の 2 兆 3 000 億円の負債総額を抱えて会社更生法を申請した JAL の会長就任を受諾して、2 年目で JAL を再生させた実績を持つ稲盛和夫氏は、平成を代表する経営者である。稲盛氏から学ぶべきことは数多くあるが倫理の視点で次に 3 つ紹介する。

a. 人間として正しいことを追求

稲盛氏の著書「「成功」と「失敗」の法則（致知出版社）」[48] の中で、自身の判断基準について、

「……27 歳で京セラを創業した時、私には経営の経験があるわけでもなく、経済も経理も知りませんでした。何を基準に判断していけばいいのか分からず困り果てていました。悩み続けた結果『人間として何が正しいのか』をベースにして、つまり最も基本的な倫理観に基づき『人間として正しいことなのか』『正しくないことなのか』『善いことなのか』『悪いことなのか』を基準にして判断していくことにしたのです……」と当時の考えを語っている。

稲盛氏の「最も基本的な倫理観で判断する」という考え方に加え、「行動で示す」ことを実践し続けている生き方に、日本だけでなく世界の多くの人々が尊崇の念を抱いている。

b. 利他の心

インターネットの《稲盛和夫 OFFICIAL SITE》[50] では、

「……私たちの心には『自分だけがよければいい』と考える利己の心と、『自分を犠牲にしても他の人を助けよう』とする利他の心があります。利己の心で判断すると、自分のことしか考えていないので、誰の協力も得られません。自分中心ですから視野も狭くなり、間違った判断をしてしまい

ます。一方、利他の心で判断すると『人によかれ』という心ですから、まわりの人みんなが協力してくれます。また視野も広くなるので、正しい判断ができるのです。より良い仕事をしていくためには、自分だけのことを考えて判断するのではなく、まわりの人のことを考え、思いやりに満ちた『利他の心』に立って判断をすべきです……」と語っている。

稲盛氏が会社更生法を申請したJALの会長を引き受けた当時の世論は、「77歳にして火中の栗を拾うことは常識ではあり得ない」という声が大勢であり、周囲からは「JALの再建は不可能だ」と強い反対があったという。そのような情勢の中において稲盛氏は「JALを再生させることは日本、そして社会や従業員にとって大義があると考えて、あえてこの大役を引き受ける」と述べている。正に利他の心である。

c. 利益を確保するというすさまじい気概

もう1つ重要なこととして、同サイトで稲盛氏は利益について、

「……しかし、ここで誤解をしてはなりません。ただ優しいだけでは経営にならないのです。厳しい不況のなかにあっても、何としても売上をあげ、利益を確保していくという、すさまじいまでの気概がなければなりません。これは、一企業の経営にとどまらず、閉塞感漂う日本経済の再生に関しても同様です……」[49] と語っている。

「倫理」と「利益」は相反すると考えている人がいるかもしれない。しかし稲盛氏は「利益の確保」そして「正しいことを貫く姿勢」と「利他の心」を高次で融合させて組織を成功に導いている。この事実は、倫理観が高いからこそ信頼を勝ち得て、それが利益の確保に繋がるということを証明している。このことは技術者であっても、経営層であってもすべての根幹は倫理にあるということをあらわしている。

■倫理は組織を成長に導く

稲盛氏が実践している「最も基本的な倫理観で判断する姿勢」と「利他の心」が組織を成長させる源になっている事実は、組織の倫理を考える上で精神的支柱である。

［2］ 倫理は力強い味方

■「すべき」「したい」

社会情勢や消費者ニーズは常に変化し、ますます多様化している。技術は急速に進展し、複雑化している。組織内に目を向けると、昨日より今日、今日より明日と、少しずつ改善を積み重ねている。このような状況の中において組織の日常の実務は様々な判断の連続であり、その判断に基づいて事業を展開している。

組織（または技術者）が行動するときは通常いくつかの選択肢が存在する。その時、組織（または技術者）として「すべき」ことより「したい」ことを優先させてしまうことがしばしばある。

あなたが「すべき」ことを提案した際、時として内部から「したい」ことを選択した方が良いと声があがることもあるだろう。「したい」ことは往々にして楽なことが多いし、人気取りや私心が透けて見えることすらある。「すべき」ことと「したい」ことはそもそも議論の土台が違う。それにもかかわらず、もし議論が平行線になってしまったときは、組織の倫理に照らして考えることが何より大切である。「すべき」ことの判断に最も役立つのが組織の倫理である。

組織における日常の判断や行動において、自分にとって都合が良いかどうかではなく、組織にとって正しいことは何かという思考でアプローチすることが重要である。そうすることで、組織にとって必要な「すべき」ことのコンセンサスが必然として得られ、考え方や行動に一体感が醸成されたしなやかで強い組織になる。

■普段使いが大切

最後になるが、倫理を敬遠したり遠い存在だと思っている方に、さらには倫理の重要性を的確に認識している方にもお伝えしたい。

一人ひとりが的確な判断をするためには、あなたの組織の倫理を普段から身近なものとして傍に置き、拠りどころとして積極的に参照することが肝心である。進むべき方向性を導いてくれる存在、それが組織の倫理である。

組織の倫理はあなたの判断を後押ししてくれる心強い味方であり、普段使いしてこそ価値がある。組織において倫理的な問題は日常にあり、倫理とともに組織は存在している。

［3］ 倫理が切り拓く未来

■2050年の世界

2018年1月、総務省はさまざまな分析を総括した将来の見通しとして「2050年以降の世界について」を公表した。このなかで、2050年には世界の経済規模が2016年の2倍を超え、日本のGDPは第8位になると示した。

広く認識されているとおり、日本は世界主要国で最も早く少子高齢社会になり、人口減少社会になっている。これは社会構造が大きく変革する人口オーナス期（人口構成の変化が経済にとってマイナスに作用する状態）を迎えたということで、GDPの順位は将来とも逆転することはないが、日本はGDPにこだわる必要はまったくない。日本がこだわるべきは、誇り高き豊かな社会の持続である。

■日本たらしめるもの

日本が守るべきものは何か。日本を日本たらしめるものは何か。

それは日本人が有する「堅実さ」「勤勉さ」「正直さ」などに代表される一流の民度であり、そこから生み出される最高水準の品質である。

しかし、日本のものづくりの信頼が揺らぎ始めている。底力が試され、真価が問われている時だからこそ、ものづくりに携わるすべての人が倫理観の高い姿勢で行動して、日本の信頼を守り抜くべきである。一人ひとりの倫理観が、そしてあなたの倫理観が日本のものづくりの砦になる。

いつの時代も忍耐強く慎重に行動する人、正しいと思うことを目立たずに実践する人によって、日本の品質は支えられてきた。幾星霜を経て日本が築き上げた品質の信頼をより堅牢にして次の世代に渡すことが、私たちの責務である。

一人ひとりの倫理観が、そしてあなたの倫理観が組織を強くするだけでなく、社会をひいては日本を強くする。

＊ 第4章で述べたリスク管理・危機管理について、危機管理研究会（天沼宇雄代表）の活動（2003～2006年）を通して幾多のことを学んだとともに、田口淳子特別顧問に多くのことをご教示いただいたことを明記する。

◎引用・参考文献

1） 天沼宇雄（危機管理研究会代表）他：組織の危機管理を考える，危機管理研究会，2005
2） リスクマネジメント，JIS Q 31000:2010 https://kikakurui.com/q/Q31000-2010-01.html
3） PAS 200:2011 Crisis Management:Guidance and good practice, British Standards Institution, 2011
4） 田口淳子（危機管理研究会特別顧問）：危機管理研究会資料，2003-2005
5） ジョンソン・エンド・ジョンソンホームページ https://www.jnj.co.jp/
6） Seitel, Fraser P., The Praotioe of Public Relations（New Jersey：Prentioe Hall, Englewood Cliffs, 1995）
7） Tylenol's Maker 8hows How to Respond to Crisis, Washington Post, Oot.11.1982
8） Tylenol Capsules Are linked to Death of New Yorker From Cyanide Poisoning, The Wall Street Journal, Feb.11.1986
9） Tylenol Posts an Apparent Recovery, The New York Times, Dec.24.1982
10） ジョンソン・エンド・ジョンソン，「我が信条（Our Credo）」にまつわるエピソード https://www.jnj.co.jp/about-jnj/our-credo
11） ジョンソン・エンド・ジョンソン，我が信条（Our Credo），2019 https://www.jnj.co.jp/about-jnj/our-credo
12） 参天製薬ホームページ https://www.santen.co.jp/ja/
13） 参天製薬ニュースリリース，2000年6月17日 https://www.santen.co.jp/ja/news/backno/20000615_01.html
14） 朝日新聞，2000年6月15日
15） Research Report Santen Pharmaceuticla Company Limited，Corporate Information, Sep.21.2001
16） 毎日新聞，2000年7月3日
17） オダワラ社ホームページ https://www.odwalla.com/
18） News Release issued by U.S. Department of Health and Human Services on Oct.31, 1996
19） Brooks. Wiley. Odwalla Lesson:Crisis Planning is Key to Survival, The Business Journal, Nov.18.1996
20） Juice Suspected in Infant's Death in Colorado, The New York Times, Nov.9.1996
21） Watson. Kathy. Antidote for a lethal Crisis, Oregon Business Magazine, Mar.1997
22） McCabe. Susan. FPN Interview with Odwalla CEO Salophen Williamson，Pacific Northwest Food Processing News, Mar.1998

23)　雪印メグミルク株式会社ホームページ
https://www.meg-snow.com/
24)　雪印メグミルクホームページ,「全社員に告ぐ」
http://www.meg-snow.com/corporate/history/popup/announce.html
25)　北海道新聞 他全国紙，3 月 24 日
26)　雪印メグミルクホームページ，雪印八雲工場食中毒・雪印乳業食中毒事件
http://www.meg-snow.com/csr/policy/approach/summary.html
27)　読売新聞 , 2002 年 7 月 7 日
28)　雪印メグミルク，大阪工場低脂肪乳等による食中毒事故について
https://www.meg-snow.com/csr/policy/approach/torikumi/report/pdf/00122203.pdf
29)　朝日新聞，2000 年 7 月 7 日
30)　朝日新聞，2000 年 6 月 30 日
31)　雪印メグミルク，雪印食品牛肉偽装事件
http://www.meg-snow.com/csr/policy/approach/summary.html
32)　読売新聞，2002 年 2 月 28 日
33)　日本経済新聞，2003 年 1 月 23 日
34)　毎日新聞，2005 年 6 月 14 日
35)　雪印メグミルクホームページ，雪印再建計画
https://www.meg-snow.com/csr/policy/approach/torikumi/
36)　日本経済新聞，マーケットニュース
37)　雪印メグミルクホームページ，～雪印の事件を風化させない～
https://www.meg-snow.com/csr/policy/approach/
38)　JMAM 通信教育優秀企業賞 雪印メグミルク，日本能率協会マネジメントセンター，2013
https://www.jmam.co.jp/hrm/tsukyo/prize/2013_04.html?goid=from_article
39)　日本経済新聞 , 2004 年 1 月 24 日
40)　ウィキペディア（Wikipedia），ルフトハンザ航空 181 便ハイジャック事件
41)　読売新聞 , 2008 年 1 月 24 日
42)　朝日新聞 , 2000 年 7 月 3 日
43)　足立晋（雪印メグミルク）：雪印メグミルクのインナーコミュニケーションと風土改革，経済広報センター，経済広報，2016 年 6 月号
44)　マックス・H・ベイザーマン他，池村千秋訳：倫理の死角―なぜ人と企業は判断を誤るのか，NTT 出版，2013
45)　谷口勇仁（北海道大学）：イノベーションと企業不祥事，日本経営学会 第 79 集 日本企業のイノベーション，2008
46)　ジェイン ジェイコブズ，香西泰訳：市場の倫理 統治の倫理，ちくま学芸文庫，2016
47)　山本七平：「空気」の研究，文春文庫，1983
48)　稲盛和夫：「成功」と「失敗」の法則，致知出版社，2008.9.24
49)　稲盛和夫 OFFICIAL SITE
https://www.kyocera.co.jp/inamori/

第5章 少しでも国難を救うための実践に向けて

5.1 阪神・淡路大震災の教訓に学ぶ

これまでに蓄積された劣化、技術倫理のゆるみなどによる構造物の欠陥が被害を誘発し、拡大する一因となる。予想される大地震に対して補修、補強に手を緩めないことが必要である。構造物に危険を感じる情報をネットワークで収集し、情報を共有することが重要である。

［1］ コンクリートクライシス——リスク管理の未熟さ

1995（平成7）年1月17日の阪神・淡路大震災の2日後に神戸に入ったとき、その約10年前にNHKに出されたコンクリートクライシスを思い出した。今見ているコンクリートの壊れ方の異常さからである。現存のコンクリート構造物はどんどん補修しなければと思った。国難が起こる可能性を秘めている今、徹底的に補修、補強を行う必要がある。コンクリート構造物は半永久的であり、メンテナンスフリーと言われていた。補修などは必要ないものと考えられていた。確かにしっかり造られたコンクリートは、現在でも使用されている。小樽築港のコンクリートブロックは、100年以上も供用に耐えている。昔に国の直轄で造られたコンクリート構造物は、かなり長寿命のものが多い。1984年、NHKで放映されたコンクリートクライシスでは、1980年代に入って各地で塩害やアルカリ骨材反応によるコンクリート構造物の劣化がひどく、コンクリートクライシスと呼ばれた。当時の建設省から劣化防止の指針等の通達が出された。対策は繰り返し出された。1960年代の高度経済成長期における経済力がコンクリート構造等の施工能力のアップを求め、技術倫理の棚上げの状態で許容能力以上の多量の施工が行われた。この結果、構造物に多くの欠陥を含むことになる。技術倫理のゆるみが将来のリスクを大きくしてしまった。阪神・淡路大震災の悲劇を大きくする下地ができてしまっていたと考えられる（**図-5.1**）。2020年にオリンピックが行われる。これからも同じような状況を想定し、十分な対応が必要とされる。NHKでこれだけコンクリート構造物の劣化の情報が出されながら、対応が遅れたことは危険に対する甘さによる。表現を変えれば、技術倫理の未発達、科学技術者の覚悟のなさによる。技術倫理は技術者の心の中にあるものである。人々の心とつながりを持って初めて力を持つ物である。

図-5.1　橋梁の崩壊（阪神・淡路大震災）[1]

［2］建設の最優先——技術倫理の棚上げの恐ろしさ

太平洋戦争が終わり、食べるか生きていられるかの時代を経て、1960年に池田勇人内閣は所得倍増の高度成長政策を発表する。1963年に黒部川第四発電所が完工し、1964年10月には東京オリンピック大会が開催される。これに伴って同年9月に名神高速道路全通、同年10月には東海道新幹線（東京－新大阪）が開通している。引き続き山陽新幹線起工（1967年2月）、東名高速道路全通（1969年1月）、日本万国博開催（1970年2月）、冬季オリンピック札幌大会（1972年2月）、山陽新幹線（東京－岡山）開通（1972年3月）。このようにオリンピック、万博を中心に多くの構造物が約10年間に急速につくられた。このため、コンクリート等の材料品質の悪化、施工技術者の手薄などによって多くの欠陥のある構造物が生まれてしまった。建設も官直轄工事から、大手建設業者、コンサルタント等に任され、責任体制が分割され、技術倫理もあまり顧みられなくなる。多量の構造物をつくるために、これまで培われてきた技術倫理は棚上げになり、まず造ることのみが優先されたのである。技術者は物を造る道具に近くなった。ものづくりに命をかけ、造ることの楽しみが薄れていった。

[3] 安全神話の崩壊

1960 年頃の所得倍増から始まった高度経済成長期は 1972 年頃終わりを告げた。これらの構造物は、良い構造物をつくることより、早く安くつくることに重点が置かれていた。建設の効率化のために、仕事が分業されるようになり、それに伴って、責任体制が分割により、はっきりしない傾向が出はじめていた。

1995 年 1 月 17 日の阪神・淡路大震災（M7.2、死者 6 435 人）の起きる 2 年前、1993 年 1 月 15 日の釧路沖地震（M7.8、死者 2 名）のときのマグニチュードは、7.8 と大きいにもかかわらず死者 2 名であり、大きな構造物の破壊はなかった。これで、これまでの建設に技術者は自信を得た。ここから安全神話が生まれ始めた。M7 程度なら日本の構造物であれば安全であると考えたのである。

それが、阪神・淡路大震災が起こり、技術者、特に土木技術者は驚愕した。官直轄の責任体制と同じ安全性の高い構造物ができていることを考えて、弱点のある構造物はまったく想定していなかったためである。構造物は 1 つの小さな弱点でも全体の破壊を起こすことが多い。また、あまりに一気に多量に造られたための材料の品質の悪さ、技術者少数による技術力の低下などが考えられる。これらの負の連鎖が重なり、日本の構造物の安全神話が崩れてしまった。その後長期にわたって補修補強が行われることになる。当時、地震によって破壊したコンクリート橋脚を見ると、複合的な欠陥が見られる。アルカリ骨材反応、塩分等による腐食、締固め不足によるかぶり部分の中性化などの損傷を見ると、技術者、施工者の十分な配慮がなく、やりっぱなしなど、技術倫理のゆるみが見られる（**図 -5.2**）。一般的にインフラは長年月にわたり供用されるため、人々は安全なものと頭の中に固定されている。将来に起こる危険を考え、安全を確保するためには技術者は長期的技術倫理観によってものづくりを進める。このような体制、システムが崩れかかっている。

図-5.2　かぶりコンクリートの欠陥
(アルカリ骨材反応、鉄筋腐食、締固め不足による複合欠陥)
表面塗布、注入などの補修を行っている

[4] 将来起こるリスクへの対応

阪神・淡路大震災の1年前の同じ日にロサンゼルスのノースリッジでM6.7の地震が起こっている。高速道路が崩壊し、米国史上最大の経済的損失と言われている。この被害を調査した関係者によると「日本では関東大震災程度でも耐えるようになっているから、このような被害は起こらない」とある。

多くの技術者は、このような感覚を大半が持っていた。テレビから伝わるノースリッジの情報も、日本でこのようなことはまずないだろう。技術者の中では、日本は安全という暗黙の了承があった。また、悪いことに2年前（1993年）にM7.8の釧路沖地震があったが、構造物に対する大きな被害は発生しなかった。技術者は鼻を高くしていた。

これは、人間の一般的な無関心性で起こるものである。他の災害はできるだけ無視し、早く忘れようとし、現実の実態をよく見ようとしない。つまり、過信が安全神話を生むことになる。「災害は忘れたころにやってくる」とは

「過信し、リスク管理を忘れるころに災害はやってくる」につながっている。

リスクを打ち砕くためには次の3点が大きな意味を持っている。1点目は構造物内部に施工時の欠陥がないか、あるいは長年月によって劣化、内部欠陥などが生じていないか、2点目は過去の耐震設計基準で十分であるのか、3点目は過去の歴史的災害の情報が整理されていて、地震力の大きさの見込みが十分に設計法に考慮されているか、あるいは補強がされたかが重要な観点である。

技術者としての問題は、いつ来るかは明確ではないが次に確実に来ることを予想して、災害に対するリスクをはっきりとさせるべきである。リスクがあるものとして実際の対応を考える。ところがどこの分野でもなかなか全体をみることができない。将来の安全に対する流れをつくれるのは人々の認識を集めた技術倫理の信用しかない。災害が起こる前に防災のための流れをつくる。5.4で述べるがテトラヘドロン連携が1つのよい体制である。

［5］ 構造物の欠陥と劣化状況の一例

災害と戦うとき、情報を早く把握し、人々に知ってもらい、技術倫理的すなわち多くの人々が納得する説明により徐々に対応することが重要である。欠陥の1つの例をあげる。崩壊した阪神高速道路のコンクリート柱の破壊調査を行った。被害の大きさに、写真を撮ることも憚られる。今することは別なことではと迷ったくらいである。道路にはサイレンが鳴り、限定車輌に制限されている。買い出しの人々が往き交う、混沌が支配してい

(1)

(2)

図-5.3　コンクリートピアの崩壊

る。初めに阪神高速道路のコンクリートピアの崩壊（**図 -5.3**）を試料を取りながら、観察が始められた。

a. 破壊のパターン

図 -5.3（1）の破壊パターンは通常、経験するものであるが、**図 -5.3（2）**は、これまでの実験で観察した破壊パターンとは異なる。コンクリート内部に欠陥があったのか、またはコンクリートと鉄筋の付着あるいは継手に問題があったのか、横方向鉄筋が少ないか、あるいは、あまりにも大きな地震力によるものかは簡単には判断がつかない。そこで、コンクリートに内在する欠陥と外力の作用という２つに大別して検討する。

b. コンクリートに内在する欠陥

建設された当時、高度経済成長期（1960-1972 年）であり、新幹線、高速道路がつくられ、オリンピック東京大会が盛り上げられた。この建設ラッシュは専門技術者の不足、材料の不足などから良質な施工は行われなかったと推測される。したがって、その後この時代の構造物が被害を受けることになったのは、次の３種類の欠陥が主流であった可能性がある。

① かぶりコンクリートの弱点部形成

コンクリートの打込みの際の締固めの作業の不十分、あるいは専門技術者の不足などによるかぶりコンクリート（コンクリートの表面から鉄筋深さまでのコンクリート）の重要性の認識の欠如、すなわちこの部分のコンクリートが耐久性の要であることの無神経さなどがある。弱点部形成の可能性がある。このことは、かぶりコンクリート部分の中性化深

図 -5.4　コンクリートの中性化（炭酸化）

さ（フェノールフタレイン検査でコンクリート表面からの白い部分）が通常より深いことから判断される（**図-5.4**）。

コンクリートは水酸化カルシウムを含みアルカリ性だが、空気中の二酸化炭素と反応してアルカリ性が低下（＝中性化）し、それが鉄筋近くまで及ぶと、鉄筋表面の安定な酸化被膜が破壊され、鉄筋の腐食が進行する。さらに進むと、生成した錆の膨張でかぶりコンクリートにひび割れが入る。

② 鉄筋の腐食

当時まだ十分な海砂の使用規定が整っていない状態で、細骨材として海砂を使用したため除塩が十分でなく、あるいはコンクリートの中性化、かぶり厚さの不足などによって、鉄筋が腐食し、鉄筋の錆の膨張によるひび割れが発生し、これらのひび割れによる欠陥が内在していた可能性がある。かぶりコンクリートの損傷により露出した鉄筋が、さらに腐食し始めている。腐食の程度は、ひどくないが鉄筋の腐食がかなり見られた（**図-5.5**）。

図-5.5　鉄筋の腐食

③ アルカリ骨材反応

アルカリ骨材（アル骨）反応は、コンクリートのガンである。ある種の骨材のシリカ成分がセメントに含まれるNa_2O、K_2Oなどの強アルカリと反応しアルカリシリケートをつくる。これが水分を吸収すると膨張し、コンクリートの内部にひび割れを発生させる。この反応は、水分の供給などで連鎖的に進行するため、ひび割れが拡大していく。ガン細胞のできやすい骨材として、非結晶質のシリカを含む安山岩、流紋岩など、アルカリ反応性の岩石を使用した場合に起きやすい（**図-5.6**）。

これらは一般にアルカリ骨材反応と呼ばれている。コンクリートに対してガンのように作用してコンクリートの組織を壊す恐ろしい骨材である。

地震後の調査部分では顕著な劣化はみえないが（**図-5.6（1）**）、アルカリ反応性骨材が使用されていたことがX線回折で確認されている。**図-5.6（2）**は、この地域のものではないが、アルカリ骨材反応による典型的な損傷である骨材の周りにリムが形成されている。このように発達した損傷は**図-5.6（1）**にはなかった。ただし、地震発生前の1990年頃からアルカリ反応性骨材によるひび割れの補修が行われており、その当時の損傷からは発達した損傷が認められる。ここでは、補修が行われて水分の補給が遮断されたため、ひび割れ発生が抑制されていたと考えられるが、内部にひび割れが内在していた可能性はある。

以上①～③には、コンクリート施工時の不注意、言い換えれば、設計に欠陥はなくても、施工時の材料、技術的な管理の不適切さによって引き起

(1)

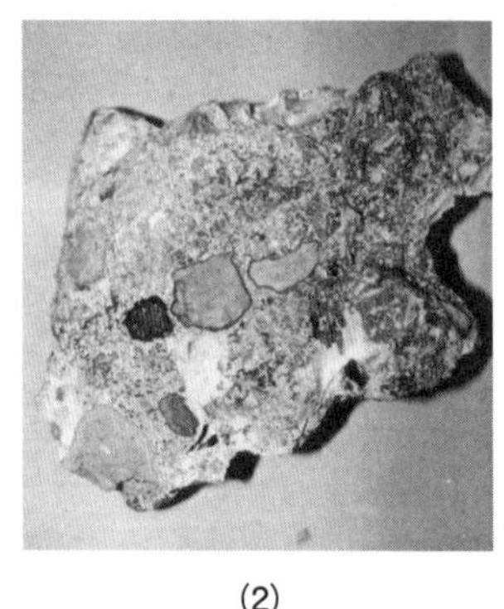

(2)

(1)　反応性骨材を含むが、アルカリ骨材反応は顕著でない。初期の段階である（現地のコンクリートピアから採取した試料）。
(2)　典型的なアルカリ骨材反応。ただし、この地域から採取したものではない。

図-5.6　アルカリ骨材反応

こされたコンクリートに内在する欠陥が示唆される。しかし逆に、これら3点の管理が適切になされていればコンクリートピアの崩壊は起きなかったかというと、一概にはそうは言えない。例えば、外力の大きさと構造物の耐力にもかかっている。

［6］ 耐震設計基準の見直し

■後追い方式から新設計法へ

これまで地震が起こるごとに被害を調査し、それに耐える新しい基準をつくって次の地震に対応する後追い方式が取られてきた。この方式は経済性から言って普通の考え方であった。学問的に言ってその第一歩は1923（大正12）年の関東大地震後からみられる。このときの震災状況から内藤多仲が震度1/15で設計した建物および0.1で設計された日本興業銀行が耐えられたこと、また地震学者が地動の最大加速度を300 galと推定し、材料安全率が3であったことから300/3 = 100 galを設計に用いるいわゆる、震度0.1の根拠となっている。

関東地震における本郷地区の最大水平加速度は、300 ～ 400 galと推定されている。1924（大正13）年に市街地建築物法が改正される際に、「地震の水平震度はこれを0.1となすべし」と世界最初の耐震規定がつくられた。その後材料安全率が3から1.5に引き下げられた際に震度は0.2に改訂されている。

1926（昭和元）年に道路橋に対する耐震基準として道路設計基準（内務省道路法）が決まり、水平震度は0.1 ～ 0.4の範囲となった。その後、1939年に鋼道路橋示方書が制定されて水平震度0.1、鉛直震度0.1を同時に作用させることとなった。

概要をまとめると、**表-5.1**に示すようになる。地震ごとに基準が見直しされている。

1946、1948、1952年、それぞれ南海、福井および十勝沖地震（M8.1）により、1956年頃からの設計においては、地域、地盤に応じて、0.1 ～ 0.35の震度とし、鉛直震度の0.1を同時に考慮している。1964年の新潟地震により、地盤の液状化、落橋が問題となり、1971年頃の基準では液状化対策、落橋防止対策が加わっている。また、鉛直震度は支承部のみ考慮することになり、一般の部位に対しては鉛直震度は考慮されなくなった。

1978年の宮城県沖地震のコンクリート橋脚、橋台の剥離被害により、RC橋脚の変形能力の向上、1982、1983年にそれぞれ浦河沖、日本海中部沖地震に対応して、1990年からの改訂では、コンクリート橋脚が倒壊しないように、水平耐力や靭性の向上のための規定がなされている。これは

表-5.1　耐震設計の変遷の概要

年度	設計震度	内容	基準等
1924年 (大正13年)	水平震度0.1	世界初の耐震規定	市街地建築物法
1956年 (昭和31年)	地域、地盤に応じて0.1〜0.35の設計震度とする さらに鉛直震度0.1を同時に考慮する	1946年南海地震(M8.1)、1948年福井地震(M7.3)、1952年十勝沖地震(M8.1)の被害	鋼道路橋示方書 日本道路公団より改訂
1971年 (昭和46年)	震度および応答を考慮した修正震度法の規定 砂地盤の液状化 落橋防止対策の設計細目、支承部のみ鉛直震度を考慮	1964年新潟地震(M7.5)の橋梁被害 ・砂地盤の液状化、下部工の損傷と大変位による損傷 落橋被害	道路橋耐震設計指針
1980年 (昭和55年)	耐震設計のための震度地盤種別、砂地盤の液状化の定量化 RC橋脚の変形性能 支承部の設計細目の改定	1978年宮城県沖地震(M7.4)の橋梁の被害調査より ・橋脚、橋台のコンクリートの剥離被害	道路橋示方書耐震設計編
1990年 (平成2年)	震度法と修正震度法の一本化 地盤種別の見直し、連続橋の耐震設計の充実 地震時保有水平耐力の規定	1982年浦河沖地震(M7.1)、1983年日本海中部沖地震(M7.7)	道路橋示方書 耐震設計編の改訂
1996年 (平成8年)	設計地震動をレベル1、2地震動とし、耐震性能は地震性能1、2、3としている	レベル1地震動に対して耐震性能1を満足し、レベル2地震動に対して耐震性能2または耐震性能3を満足する。	コンクリート標準示方書 耐震設計編　土木学会

地震時に部材に大きな変形が生じても倒壊しないようにねばりによって地震のエネルギーを吸収しようとしたものである。

このように、各地震に対して耐震基準が見直されて、一見安全性が向上しているように見えるが、これは新しく建設されるものに対してであり、旧基準で設計された構造物の新基準に対応する補強対策は、遅々として進んでいなかったのである。このことは、一般に知らされていないことである。それは、1993年の釧路沖地震の際の調査で判った。コンクリートの橋脚の被害をみると、ほとんどが補強される予定のはずの円形断面橋脚の段落とし部から被害が起こっている。これなどは地震が起きて初めてわかることなのであるが、全国的な実態と考えられる。

表-5.1にあるように1996年以前までは、震度法による後追的な設計法になっている。1996年以前に建設されたものは、地震強さに対応して補強が必要となる。1996年以後の設計では、後追ではなく耐用期間で歴史的地震記録を考慮できるねばりのある構造物設計としている。

［7］耐震設計の向上——将来を見据えたリスク管理

1995年に発生した阪神・淡路大震災の翌年に新しい耐震設計編（土木学会コンクリート委員会）が出された。**表-5.1**でわかるように1990年は震度法による後追い的方式であったものが1996年から将来のリスクを考慮可能な設計方法となっている。想定地震に対して定められた変位以下に抑えるもので、ねばりのある構造物を目指している。歴史的地震の資料によって将来想定される大地震のリスクを考えた構造物がつくることが可能となった。技術者としては、住民の要望を汲み技術倫理を反映できる進んだ設計法と言える。安全性を高めるとそれに対応して費用が必要となり、国と住民との合意が重要となる。

1996年の耐震設計では、地震動をレベル1（耐用期間内に数回発生する地震動）とレベル2（耐用期間内に発生することがきわめて小さい強い地震）に分け、これに対応する耐震性能を以下3つにしている。

① 耐震性能1：地震後にも機能は健全で、補修をしないで使用可

② 耐震性能2：地震後に機能が短期間で回復でき、補強を必要としない

③ 耐震性能3：地震によって構造物全体系が崩壊しない

レベル1　地震動に対して耐震性能1を満足する。

レベル2　地震動に対して耐震性能2または3を満足する。

技術者は対象とする地域における地震動のレベル1、2を想定し、構造物の耐震性能をどこに設定するかが技術者の安全性に対する技術倫理にかかわる。しっかりとした技術倫理を持ち、地元の住民、国に対して十分説明できる安全性を持っていることが必要となる。経済性を考慮しながら安全性を最優先になるように技術者は努力する。このような設計を可能にしたのは、コンピュータの発展によるものである。国はもとより住民の安全性に対する技術倫理の力が必要となる。

防災、減災計画において大地震に対して耐震性能1、2、3の確保に対応したハザードマップの作成など、前もっての準備が必要である。

［8］ 北海道における津波対策

津波をレベル1（L1）とレベル2（L2）に分け、L1は頻度の高い津波で人命や財産保護、海岸施設等の整備で管理を行う。L2は最大クラスの津波で生命を守ることを最優先として避難を軸として対応する。L1かL2かは津波がきてからわかることなので、まず「逃げる」を基本としている。春夏秋冬における避難路の確認が必要である。市町村、町内会等の結束により、前もって十分な準備がいる。どうしても将来に対する未知なる活動には人間の力である倫理、技術倫理を持って活動する人々が重要となる。

［9］ 特に気になるコンクリート構造物の欠陥——将来の大きな損失

コンクリート構造物には元々多くの劣化、欠陥があり、常に補修が必要であるという認識は一般的であるが、それは間違いである。それまでに施工のある時点で欠陥のあるコンクリートを作ったために補修が必要なのが一般的である。それは小樽港の欠陥のないコンクリートブロックが100年以上供用されていることからわかる。長寿命化、強靭化のポイントは生コンクリートの品質と打設時の十分な締固め、十分な養生にある。打設後の1～2週間における生コンクリートの施工、管理が勝負である。施工時における生コンクリートの配合、骨材等の選定および締固め、養生が適切であったかの判定は、コンクリートがすぐに硬化するため確認することがかなり難しい状態となる。確認できないため、この時点で施工者の技術倫理にゆるみとなおざりが入る可能性が高くなる。初期の時期の管理の不注意、技術倫理のゆるみは、コンクリートの長寿命化に致命傷となる。技術倫理を蔑ろにするゆるみがコンクリートの欠陥として残る。コンクリートは、初期において十分な資金をかけて入念に施工することが、コンクリートの欠陥をなくし、補強を少なくし、長期的に見て費用のかからない健全でよいコンクリートをつくることに繋がる。

［10］ まとめ――構造物の点検、補修、補強

供用している構造物、特にコンクリート、鋼による構造物の十分な点検、補修、補強が必要である。長年月によるアル骨、鉄筋の錆、疲労、ひび割れなどの劣化、旧設計基準でつくられた構造物の新設計基準による耐力、ねばりの確認、補強などのリスク情報を集め、ハザードマップの更新を行う。

5.2 東日本大震災からの出直し

津波による被害ははかり知れない。高精度の解析によって被害予想が判ってきた。国を中心に対策が行われているが、町内会から住民までネットワークによる防災の波が拡がることが必要である。

［1］ 南海トラフ地震のリスクマネジメント

内閣府は、2012 年 8 月 29 日東海沖から四国沖の南海トラフに沿って巨大地震が発生した場合、最大 32 万 3 000 人の死亡者、全壊棟数 238 万 6 000 棟、浸水面積 1 015 km^2 が出るとの被害想定を発表した。津波で約 7 割の死亡者が出る。早期の避難や対策の徹底で 8 割減らせると分析した。ここに人々の心を結集できる技術倫理の力を発揮できる場がある。政府は、対策を強化する特別措置法の取りまとめを行う。一方土木学会では、長期

的に1 410兆円の推定被害を出した。各技術者は、各地域別にリスクが想定されたので、リスクマネジメントを取り急ぎ行い、市町村さらに町内会、一人ひとりに対応がわかるようにする必要がある。同時にインフラの整備などさらに詳しく対応できるようにする。各地域において、各々の状況に対応して常にリスクマネジメントを頭に入れ、全技術者が心の中に子供や孫の事を考えて技術倫理によって計画を立て実行を進める。

［2］ 原発事故は人災

将来に対するリスク管理は、技術倫理力にかかっている。この力がなければ、将来に起こる危険性に対して人々を守ることはできない。これには、技術科学者が想定する見解に対して、冷静に判断する人々の声も必要となる。すなわち、安全に対する国民が同意する文化、安全安心に対する文化が必要となる。この良い例が5.4に後述するように有珠山噴火の場合の避難体制が良い例である。住民－自治体－メディア－科学技術者の連携である。

東京電力福島第一原発の事故原因を調べてきた国会の事故調査委員会（黒川清委員長）は、2012年7月5日の発生から約1年4カ月の報告で根源的な原因は「自然災害」ではなく「人災」であると報告した。地震・津波対策を立てる機会が過去何度もあったのに、政府の規制当局と東電が対策を先送りしてきたと批判している。その骨子の主なものは、津波による全電源喪失や炉心損傷は「想定外」ではないこと、官邸をはじめ危機管理体制が機能せず被害が拡大したこと、東電は過酷事故に対する準備が不十分なこと、放射線の健康影響について理解を深める政府の努力が不十分なこと、などが挙げられている。東電および経済産業省の原子力安全・保安院の怠慢がありその背景には「組織的・制度的問題」があると指摘している。なんと言ってもリスク管理の未熟さ、怠慢さが大きいが、これを改善するためには科学技術者はまず初めに国民を最優先とする技術倫理力を高め、国民全体に開示しながら、安全に対する文化を構築することにある。

［3］ 吉田所長の危機管理の称賛と津波リスク管理の無念さ

東京電力福島第一原発事故の収束作業を指揮した吉田昌郎所長は原子炉

への海水注入中断を求める東電本店の指示を無視して、独断で海水注入を継続し、その毅然とした態度は危機管理において原子炉の危険な状態を救ったものとして高く評価された。

一方過去に津波対策を見送ったリスク管理は、まったく評価できないものである。吉田が原子力設備管理部長だった2008年に試算で、従来の想定を上回る「最大15.7 m」の津波が原発に押し寄せると独自でまとめた。これを「最も厳しい仮定を置いた試算に過ぎない」として防潮堤などの津波対策を東電は先送りした。

技術者であるからには自分の試算に対して責任を持たなければならない。防潮堤は、時間と経費がかかるとしても比較的経費のかからない電源移設など、行える可能なものから進めていくべきであった。資金の限度を考え、長時間かかることを考えながら、実践可能なものをまず始めることが技術者の技術倫理である。先に述べた国会事故調査報告書の中でも、何度も地震、津波のリスクに警鐘が鳴らされ、対応する機会があったにもかかわらず、東電は対策をおろそかにしてきた。たとえ警鐘が鳴らされたとしても、発生の可能性の科学的根拠を口実（これは最もきびしい仮定を置いた仮想的試算であるから見送り可能）として対策を先送りしてきた。このことは、リスク管理の考え方に根本的欠陥があった。将来において人々に危険をもたらす可能性があり、安全性、安心性を担保できないと考えたとき、あるいは人々に対して説明責任を果たせないと考えたとき、あるいは自分の子供に向って説明できなければ、技術者は確信を持って、勇気を持ってあるいは技術倫理に則って、リスク管理、リスクマネジメントを行使する必要がある。

［4］ 土木技術者は誠実な責任者

土木技術者は、「技術的業務に関して雇用者、もしくは依頼者の誠実な代理人、あるいは受託者として行動する」（倫理規定、土木学会平成11年5月制定）とある。また、平成26年5月に改定された倫理規定では「誠実義務および利益相反の回避」の行動規範がある。これに対して先に述べた吉田所長の原発事故における海水注入を継続した件を考えると、現場で指揮をとっていた吉田所長が一番状況がわかり、レベルの高い技術者であるから、誠実な代理人あるいは利益相反の回避を求めるよりは自律性の高い指揮官と位置付けする方が適切であると考える。この土木学会倫理規定は、技術者としては歯がゆく感じる。技術者は、時として自律的責務を果たす必要があると考える。また明治、大正、および昭和の初期にあったように技術者による責任者を置き、責任体制を明確にする必要がある。科学技術倫理に熱心な人の参加が望まれる。

［5］ まとめ――心の中を再構築

東日本大震災は、2011年3月11日に発生したマグニチュード9.0の大災害は津波による原発事故を誘発して、死者1万5000人以上に達した。まさに国難である。この震災を拡大したものとしてリスク管理、すなわち将来に来るかもしれない危機に対するマネジメントの甘さが指摘される。後に述べる有珠山噴火の時に人々との連携を第一とする技術倫理の大切さを再認識して、心の中に技術倫理への道を進める必要がある。これによって安心、安全の文化を再構築するしか国難を越える道はないと考える。海水を注入した吉田所長のように命をかけて技術倫理を遂行する人も、大きな組織の中で技術倫理に対するちょっとした油断が、避けられたかもしれない大きな原発災害を引き起こした。第三者による情報収集、支援する人も必要としている。新たに心の中を再構築する必要がある。

5.3 ジレンマと戦いながら合意形成――千歳川放水路計画

インフラによる洪水に対する安全度の確保と、自然環境保全の問題は技術倫理の大きなテーマである。論議による技術倫理の高まりによりジレンマの認識を高め、よりよい合意形成を引き出すことが重要である。

［1］ 千歳川放水路計画の背景

a. 千歳川放水路計画の推進派と反対派

推進派は、千歳川流域の千歳市、恵庭市、北広島市、長沼町、南幌町、

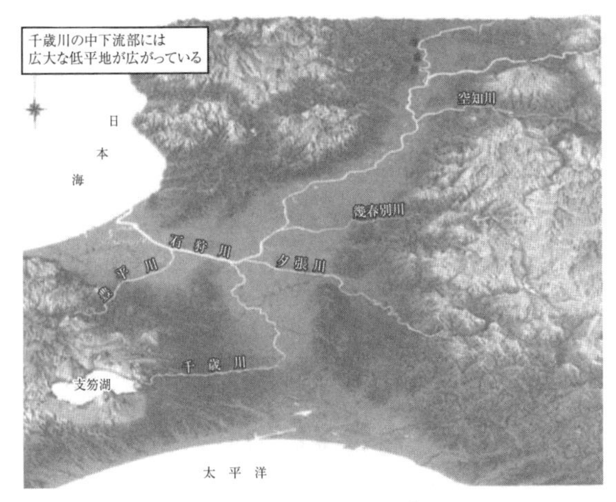

図 -5.7　千歳川流域 2)

江別市などのおおむね水田地帯の人々である。この土地を襲う洪水は、千歳川と千歳川の合流点にある石狩川が千歳川の水位と同時に上昇し始めると、千歳川の水が石狩川に流れ出なくなり、中央がくぼんだ盆のような構造の千歳川流域は、水があふれ洪水になる。**図 -5.7** に千歳川流域と**図 -5.8** に千歳川流域の窪みを示す。この洪水を避けるための抜本的な方法として千歳川を太平洋に流す放水路が、かなり以前から考えられていた。

反対派は、この放水路によってラムサール条約登録湿地帯であるウトナイ湖の水位が低下する可能性をあげた。もう１つは、太平洋への洪水の出口に当たる苫小牧の漁場に洪水時の排水によって泥が堆積する。稚貝などに損傷を起こす。さらに漁場はもとより放水路周辺全体の環境破壊などが問題として出てきた。

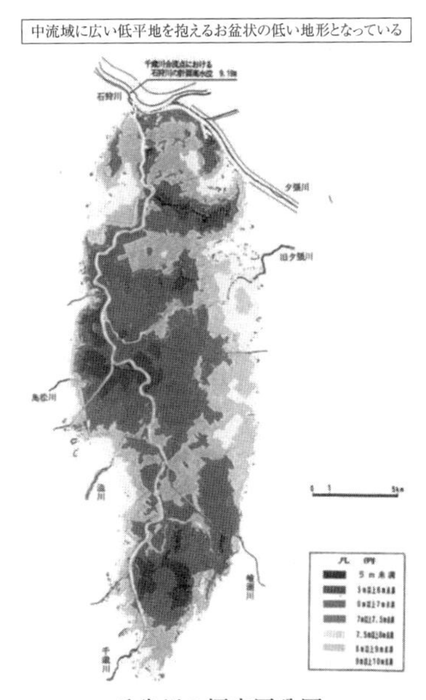

千歳川の標高区分図

図 -5.8　千歳川の標高区分図 3)

千歳川流域の水田を主体とする農民は、米作地を守るために洪水を無くそうとするこの放水路計画を願い、当初は順調に進められてきた。そして、政府の決定まで進んだ。しかし当時、日を追うごとに環境問題が大きく取り上げられ、ウトナイ湖、苫小牧漁場、放水路による地域の環境変化などの自然環境問題に対する意見が大きく取り上げられた。このような状況下では、両者の合意形成を取るのが難しい状態となった。2つの調停委員会が前後して設けられ、決着がつけられた。

b. 千歳川流域の特徴

千歳川は、支笏湖を水源とし、江別で石狩川と合流する石狩川の一支川である。その大きさは、総延長で108 km、流域面積で1 224 km^2である。流域の人口は約36万人である。千歳川流域で水害が起きやすい原因としては、

① 千歳川の中下流部には広大な低平地が広がっていて、洪水時に合流河川の千歳川の水位より石狩川本川が高い水位になると千歳川に逆流する影響を受けること。

② 透水性の高い火山灰や強度的に軟弱な泥炭等の地盤が多く、堤防を高くすると堤防決壊等の危険性が高いこと。

③ 千歳川の水位が高くなると内水氾濫（千歳川の水位が周囲の土地より高くなり排水路から千歳川に流れずに、あふれて一帯が氾濫すること）を引き起こしやすいことなどである。

［2］ 合意形成とメディエーション

わが国の社会資本整備は、第二次世界大戦後、特に1960年代の経済高度成長期において目覚しいものがあり、これによって経済発展が支えられてきた。これらの構築は、将来を見据えた行政の指導力によるところが大きいと考えられる。しかし、インフラの構造物の耐久性に多くの問題点があることも判った。ここへ来て社会資本整備の内容、方法の見直しも指摘されるようになった。1つには、社会資本を提供する側と享受する側との関係の不一致がある。多様化、高度化、地域性など人々の生活向上とゆとりに呼応して、人々の要求が広範囲となり、しばしば合意形成を期待する

ことと現実との乖離（かいり）が生じているためと考えられる。建設にはインフラの自然環境に対する影響が大きな社会問題となっている。災害等に対する防災計画において、国、自治体、住民などによって合意形成を行わなければならないことが多くなった。一般的には、インフラ整備において関係者との合意形成が必要になっている。

イギリスにはインスペクター（審問官）がインフラ整備の計画において、第三者として策定にかかわることが制度化されている。

フランスでは公的に任命される第三者的討論調査委員会があり、一定以上のインフラ整備をする場合、基本方針、構想の段階からこの委員会による公開討論が義務付けられている。

ドイツには聴聞官庁があり、インフラの計画確定にあたって、計画案の聴聞手続きを実施することが規定されている。

アメリカにはメディエーション（第三者調停）があり、長期的裁判に代わる紛争処理手法の一つとして活用されている。合意に達するために中立な第三者（メディエーター）が、インフラ整備のメディエーションの場合、行政機関から委託されることが普通である。少し前の調査でわかったことである。

千歳川放水路計画の合意形成は、日本で一般に言われる合意形成で、専門家からなる「千歳川流域治水対策検討委員会」が各関係者の意見を聴きながら調停を進めていくものである。日本においても外国のような制度化された専門の調停システムを必要としている。

a. メディエーション（一般）

メディエーションとは、一般に調停と訳されているが、本来幅広い意味で用いられる。一般的に、メディエーションは紛争処理の方法論の一つとして位置付けられる。

■紛争回避

最も単純な紛争処理方法は紛争回避である。何らかの課題について紛争の火種（利害対立）があったとしても、その火種が恰も存在しないかのように関係者が振舞えば、明示的に紛争は発生しない。関係者間に存在する利害対立を明示的に処理せず、放置すること、関係を解消することを紛争回避と言う。なお、わが国における各種紛争の調査によれば、日本人が紛争に直面した場合、紛争回避を最も望ましい戦略として用いる傾向があると言われている。しかし、紛争を一時的に回避することができたとしても、根本的に利害対立は解決されないため、その対立を明示的に処理する必要が生じることがある。その結果、**表-5.2** に示すように、紛争処理を目的とした方法論が社会には数多く存在している。

■メディエーション（調停）

メディエーションはこの一連の枠組みの中で**表-5.2** に示すように、「交渉」と「管理的意思決定」の中間に位置するが、当事者による任意の意思決定であり、第三者により決定事項が強制されるわけではない。つまり、

表-5.2　紛争処理に関する一連の方法論 [4)]

<table>
<tr><td>当事者による個人的意思決定</td><td>紛争回避
(Conflict avoidance)
非公式協議と問題解決
(lnformal discussion and problem solving)
交渉
(Negotiation)
メディエーション
(Mediation)</td><td rowspan="4">↓
強制の度合いが増し、勝ち/負けの結果につながりやすい
↓</td></tr>
<tr><td>第三者による個人的意思決定</td><td>管理的意思決定
(Administrative decision)
アービトレーション
(Arbitration)</td></tr>
<tr><td>第三者による法的(公的)、権力的意思決定</td><td>司法決定
(Judicial decision)
立法決定
(Legislative decision)</td></tr>
<tr><td>強制による超法規的意思決定</td><td>非暴力的直接行動
(Nonviolent direct action)
暴力
(Violence)</td></tr>
</table>

当事者が最終的意思決定を行う任意の紛争処理手法のうちでは、最も公的性格が強く、強制力を持った手法だと言える。

① 原則立脚型交渉

原則立脚型交渉は交渉における問題点として、古典的な「駆け引き型交渉」では、交渉当事者が立場に執着すること、そのことが両当事者に利益をもたらす合意条件の発見を阻害し、結果として両当事者が合意未達成による会議費用を被ること、さらに感情的な対立、信頼関係の崩壊により将来の交渉の機会が失われることなどが挙げられる。対立状態にある２人に話しかけ、利害を聞き出し、紛争の再構成を行っている。

原則立脚型交渉の重要な考え方として、不調時対策案（the best alternative to no agreement)、通称バトナ（BATNA）が存在する。これは「交渉による合意が成立しないとき、それに代わる良の案は何か」を意味する。交渉を続けても不調時対策案を上回る条件を引き出せない場合は、原則に立脚して交渉を中止し、不調時対策案を実行に移すことを勧めている。

② 相互利益型交渉

両者の満足度を最大化することも重要であると相互利益型交渉の考え方は強調している。

なお、取引条件として相手に差し出せる資源には限りがあるため、その限界としてパレート限界が存在する。また、交渉を妥結するための最低条件としての「不調時対策案（BATNA)」が存在する。パレート限界と不調時対策案で囲まれた部分が交渉可能領域であり、最終合意はこの領域の中に図示されることになる（**図-5.9**)。

［**3**］ BATNAの重要性

相互利益型交渉の重要な支えとして不調時対策案、通称バトナ(BATNA)を設定する。どうしても交渉が成立しない場合には不調時対策案、すなわちBATNAを実行に移すことになる。**図-5.9**のAのバトナ線とBのバトナ線の交点が交渉の不調時対策案となる。例えば、Aが放水路推進派となり、Bが放水路反対派となる。バトナについては、後にアンケート調査などで推測できることを示す。バトナの設定により議論が安定する。

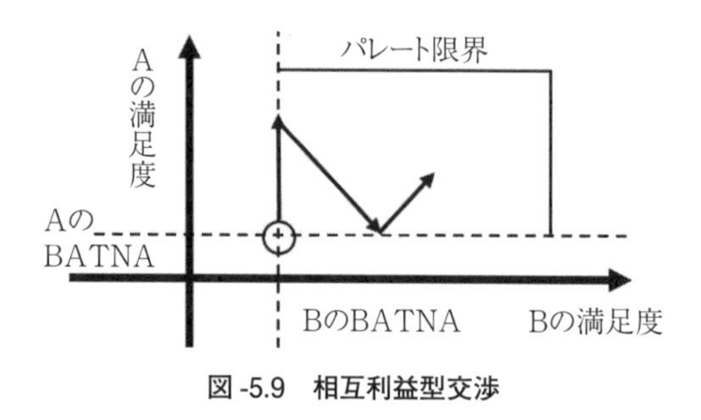

図-5.9　相互利益型交渉

[4] 委員会の調停

千歳川流域に広がる水田地帯の洪水をなくす対策が、合意の形成の進行とともに、次のように展開した。

まず、初めに千歳川放水路計画案が立上げられた。まだ、他にも提案されていたが代表的なものを挙げる。

① 千歳川放水路方式（図-5.10（a））

太平洋に洪水を流す放水路をつくる計画である。放水路ができることによって洪水を防ぐことができる農業関係者は賛成だが、放水路を通す

（a） 千歳川放水路　（b） 流域内対策＋合流点付替方式　（c） 流域内対策＋新遠浅川方式

図-5.10　千歳川治水対策域の例（検討委員会提言）[5]

ことによってウトナイ湖の水源の小河川にダメージを与えるとする自然保護団体は反対である。また、放水路の濁水が流れ出る太平洋沿岸に関係する漁業関係団体も反対である。最後まで合意形成がとれなかった。

② 流域内対策＋合流点付替方式（**図-5.10（b）**、**表-5.3（a）**、**（b）**）

千歳川と石狩川との合流点を、石狩川の下流に下げる。石狩川に背割堤を設けたり、現在の合流点近くに石狩川あるいは千歳川を新しくつくって合流点を下げるなどの方式がある。**表-5.3（a）**は石狩川の合流点付近に千歳川の新水路をつくるものである。**表-5.3（b）**は合流点付近で石狩川を移設するものである。

③ 流域内対策＋新遠浅川方式（**図-5.10（c）**、**表-5.3（c）**）

初めの放水路計画が自然環境のダメージが大きいことから、この点を配慮し、現河川を利用しながら放水するものである。千歳川放水路計画を縮小し、新遠浅川を利用しながら川を結んで太平洋に流す河川方式としている。

④ 堤防強化策（**表-5.3（d）**）

千歳川の堤防を大きくするとともに堤防を強化し、また遊水地をつくって治水する方式である。これが最終合意案（**表-5.3（d）**）となった。

表-5.3　千歳川治水対策の比較[6]

		(a) 千歳川新水路方式	(b) 石狩川移設方式	(c) 新遠浅川案流域内対策	(d) 堤防強化案（遊水地併用）
遊水地面積		約 18 km^2	約 18 km^2	約 18 km^2（千歳川） 約 10 km^2（安平川）	約 18 km^2 を上回らない程度
水位	石狩川合流点	約 7.0 m (KP19)	約 6.9 m (KP17.5)	–	約 9.2 m
	裏の沢	約 7.8 m	約 7.6 m	約 8.4 m	約 9.2 m
	舞鶴	約 8.5 m	約 8.4 m	約 8.4 m	約 9.4 m
工期		約 25 年	約 25 年	約 20 年	約 20 年
工事費		約 6 200 億円	約 6 300 億円	約 5 900 億円	約 5 300 億円

これらの方式のうち、まず合流点付替方式の検討が行われ、工事費、工期などからこの方式はかなり難しいとわかり、最後に残ったのが、堤防強化案と新遠浅川案となった。

新遠浅川案は、将来を考えた全体計画としては望ましいが、漁業関係者、自然保護団体等に説得材料を提示するまでに至らなかった。それに比べて堤防強化案は、内水被害は十分抑えることはできないが、合意は取りやすい。委員会の結論として堤防強化案を採用することになる。技術的合理性のある新遠浅川方式と合意可能な堤防強化案とが最後まで議論がわかれ、ぎりぎりまで行われた末の結論であると述べられている。

［5］ バトナを決定する1手法――アンケート調査

バトナを決めておくことは、会議の議論に余裕を持たせ、議論が深まることが期待できる。バトナは簡単に決められないが、アンケート調査によっておおまかな事を知ることが出きると考える。アンケート調査表、調査結果等を見ながらバトナを探る。

a. アンケート調査表

アンケート調査で物事を決めるものではない。住民の意向はどういうものなのか、何を望んでいるのか、嫌っているものは何なのか幅広く意見を見極めることにある。バトナを探る資料となる。アンケート結果を公表し新めて各立場の人々が他の意見を聞きながら自分たちの意見を整理してもらうことにある。アンケート調査の文面等は学識ある公平な立場にある人がチームによってつくり、アンケート調査を行うことが必要となってくる。

b. アンケート調査範囲、回答率

アンケートの調査の報告（全国水環境交流IN北海道、代表 佐伯 昇が作成）を「千歳川流域治水対策検討委員会」に判断のための一助となる資料として1998年7月に提出している。その主な概要は、次のようなものである。

- アンケート配布、範囲

アンケート配布は全部で1955通で、範囲は関係住民（千歳川および放水路が計画予定されたいた両岸各約2kmおよび苫小牧地区においては別に漁業関係者を抽出）。

c. アンケート調査結果（主なものを挙げる）

■遊水地について

遊水地については「十分な農地補償や移転補償があれば受け入れても良い」が60％である。

遊水地による治水対策	人数［人］	割合［%］
A. 開拓以来の農地を水に浸けることは許されない	101	15.1
B. 十分な農地補償や移転補償があれば受け入れてもよい	400	59.7
C. 分からない	121	18.1
D. その他	20	3.0
E. 無回答	27	4.0
F. 複数回答	1	0.1
計	670	100.0

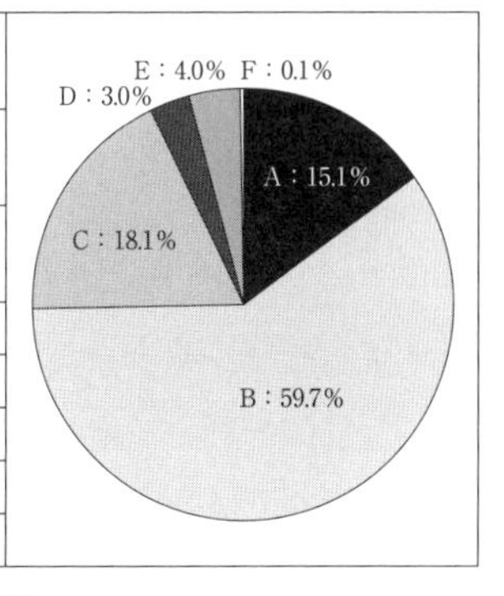

図-5.11　遊水地による対策

■千歳川治水対策の主体

千歳川の総合的治水対策の主体	人数［人］	割合［%］
A. 千歳川放水路	210	31.3
B. 石狩川本流の水位を下げる	108	16.1
C. 背割堤・ポンプ排水等の合流点対策	113	16.9
D. 千歳川流域内の治水対策	78	11.6
E. その他	10	1.5
F. 分からない	91	13.6
G. 無回答	17	2.5
H. 複数回答	43	6.4
計	670	100.0

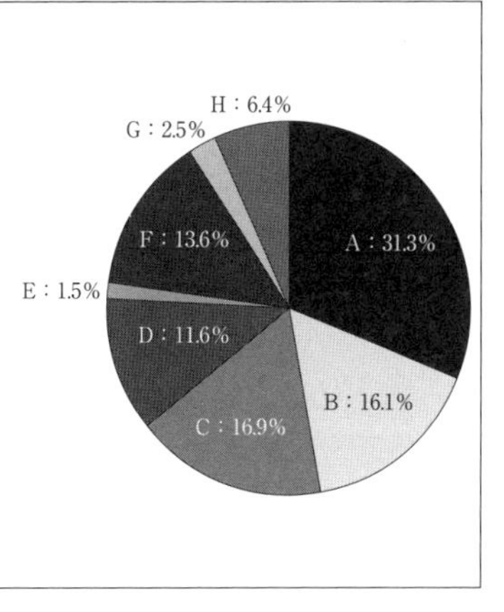

図-5.12　総合的治水対策の主体

A 千歳川放水路

B 石狩川本流の水位を下げる

C 合流点対策

D 千歳川流域内対策

と千歳川放水路が１番多い。千歳川流域の住民は千歳川放水路を治水対策の主体の１つと考えている傾向にある。

d. 調査結果のまとめ

これらの調査からわかった概要は、次のようになる。

① 抜本的な治水対策でなくとも、まず早期に着手できる遊水地によって、不十分であるとしながらも、洪水に対する安全性を確保したい意向に見受けられる。

② 治水に対して一般の地域と同じ安全度の確保を必要とする認識が全体的なコンセンサスにあると考えられ、この線上に抜本的な治水対策の主体として千歳川放水路が必要であると考えている傾向にある。

③ 一方では治水対策において他地域に対する悪影響を最小限にすることを念頭に置いていることから、千歳川放水路による場合他地域の悪影響を最小にできなければ、千歳川放水路以外、すなわち石狩川本流の水位を下げる対策、合流点の対策、千歳川流域内の対策に対しても、同等に選定の枠に入れていると考えられる。千歳川流域内の対策、すなわち堤防を強化し、広く大きくする。また内水対策を行う。

放水路計画の推進派（A）、反対派（B）とも遊水地の設置には60％の賛成を示し、バトナとして有意性を持っている。放水路計画には、31％（A）賛成があるものの、石狩川本流の水位を下げる16％（B）、背割堤、ポンプ排水等の合流点対策17％（C）、流域内の治水対策12％（D）と分散している。合流点対策（C）と流域内治水対策（D）のC+Dで29％となり、またB+Dでは28％となる。A+Dで43％である。放水路計画＋流域の治水対策をバトナとするのは50％以下であるので難しいと考える。放水路計画を推進するにはもう１つの知恵を必要としている。

［6］ 委員会調停

千歳川流域治水対策全体計画検討委員会報告（概要）

① 先の委員会において、検討すべきとされていた合流点対策案については、江別市のまちづくりや内水面漁業、農業への影響等、社会的要因・環境要因に大きな課題を抱えており、合意形成の観点から難しいと考える。また、その治水効果の発現は石狩川の治水整備の進捗を待つ必要がある等、技術的な課題も抱えている。これらを考慮し、合流点対策案は選択しないこととした。

② 新遠浅川案は、流域外への洪水処理の負担量や漁業、自然環境への影響等、社会的要因・環境要因に係る課題が千歳川放水路計画に比べ、内水や超過洪水対応を含めた治水効果が最も優れていることから、流域の将来をも考えた河川の全体計画としては、これを選択することが望ましい。

しかしながら、漁業関係者や自然環境保護団体等の関係者に対し、十分な説得材料を提示するには至らなかった。したがって、これら関係者の早期の合意は困難であり、実行可能性や完成までの効果の発現等を考えれば、現時点で取り得る対策とは言えない。

③ 一方、堤防強化（遊水地併用）案は、他の代替案に比べて内水被害の軽減効果が小さい等、治水効果に係る課題や、これに対する千歳川流域関係者の理解という観点での課題を抱えているが、他の代替案に比べて漁業影響や自然環境への影響が小さい。

また、千歳川においては、現況堤防が高さは高いが幅不足で貧弱な状態にあるために、抜本的な治水対策は実施できなければ、将来とも洪水時には水位が上がって危険常習が継続するという改修経緯、特殊事情を抱えている。

これらを考慮し、現時点で実行可能で早期に着手できる治水対策を決定するとすれば、高い水位に耐えられる。現況堤防の強化を図り、現況よりも順次安全度を高めていける対策である堤防強化（遊水地併用）案を選択すべきと考える。

④ 千歳川流域の内水対策については、堤防強化（遊水地併用）案によ

る外水対策を前提とし、内水調整池の整備や内水ポンプの増強等、具体の対策を早期に実施できるよう、国、道、地元自治体等、流域内の関係機関が各々の役割分担のもとに強く連携し、協議の場を設置する等して、総合的かつ精神的に取り組んでいくべきである。

⑤　河川審議会の中間答申も踏まえ、治水安全度1/100の外水対策に併

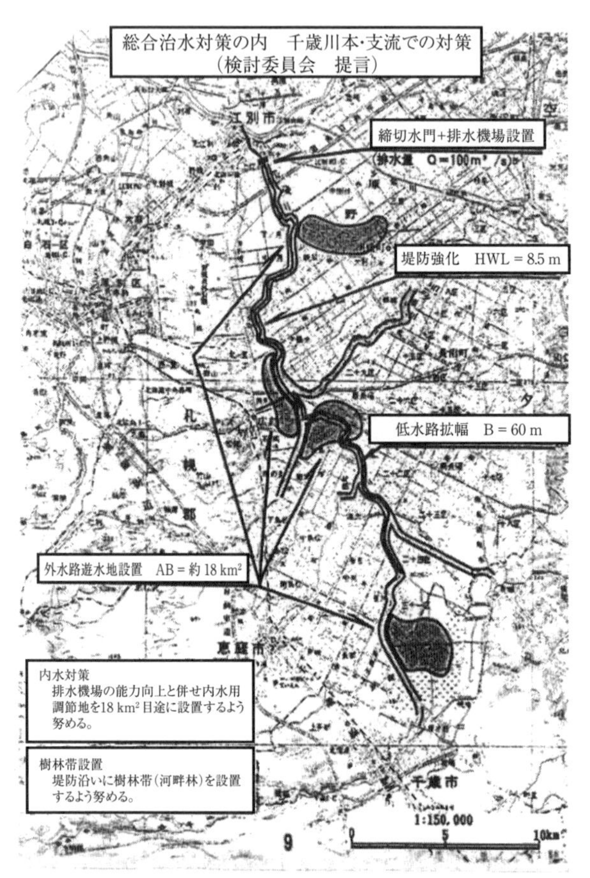

最終合意案となった堤防強化策（遊水地併用）である。工事の内容として、締切水門＋排水機場設置、堤防強化、外水路用遊水地設置（4カ所計 18 km²）、低水路拡幅、浚渫、などが示されている。

図-5.13　総合的治水対策（検討委員会提言）[7)]

せ、整備途上において超過洪水に対して、流域内で洪水被害を最小にするため、情報伝達体制や避難計画等の整備、水害に強い土地利用等、千歳川流域の特性に応じた適切な流域対策について、さらに検討、充実させていくべきである。

［7］まとめ——合意形成

一般に災害の前後において、合意形成に関するジレンマを解決する必要が生ずることがある。合意形成は関係する人々がお互いの状況を考えて、共に将来に向けて豊かな生活、安全、健康、そして豊かな自然環境を保持するための技術的、人間的な知恵、すなわち技術倫理のレベルが高くなれば、双方がより満足する合意ができる。今回の争点は洪水に対する抜本的なインフラ建設とそれに伴う自然の保全および自然環境破壊の懸念を払拭できるかどうかに係っていた。どうにか双方に説明できる合意を見つけた。関係機関の技術倫理の向上により満足いく合意形成が達成できるものである。さらによい調停になるためには関係住民の生活に根付いた技術倫理によって、将来に向けてよりよい生活環境、自然環境を得ることができるかの判断ができること、一方インフラを提供する側も将来に向けて災害のリスクを抑えることができ、自然に優しいものを追求する必要がある。総合的に考えると長期的議論になったとしても自然環境保全を確保しながら、超過洪水対策の問題も解決し、この温暖化の時代になってさらに災害に対する抜本的な対策を探る必要性があると考える。

5.4 国難を救う一筋の光——有珠山噴火の避難体制に学ぶ

国難を救うシステムとして、住民・行政・マスメディア・科学技術者の4つの連携が良いと考える。数人の連携でも多人数でも良いが、この形をとるのが良いと考える。いわゆるテトラヘドロン連携（図-5.15）の展開を考える。

［1］ 人的災害ゼロ、1万人を救う

2000年3月31日、北海道胆振管内有珠火山（732 m）が1977年8月以来約23年ぶりに噴火した。27日午前から火山性地震が活発化し、数日後に噴火の可能性が高いと言われていた。北海道大学大学院理学研究科 岡田弘教授が記者会見を行い「噴火は1両日中の可能性が高い」と発表したその2日後の噴火であった。

この噴火では、気象台がはじめて噴火の可能性を伝える情報を噴火開始前に発表するなど、従来の噴火対応では見られなかったさまざまな防災対策が講じられた。特に、最初の噴火が山麓の居住区から始まったにもかかわらず、1万人を越える住民の事前避難により、人的被害ゼロという理想的な減災成果を得ることができた。

■噴火予知

噴火前に緊急火山情報が発表され、実質的に噴火予知に成功したことである。緊急火山情報は、雲仙普賢岳噴火を契機に新設された災害情報であり、人命への危険を警告する切迫した状況下で発表される。このような予知を可能にしたのは、観測監視機器の高精度化や過去の有珠山の活動に比較的一定な経緯を示す安定した傾向が見られるという事実もあるのだが、何よりも北海道大学有珠山観測所が、いわば有珠山の主治医として長年にわたり観測・研究を続けていたことが大きな要因であったと考えられる。

図-5.14　有珠山噴火（2000年3月31日）
（北海道開発局提供[8)]）

■住民避難の成功

火山活動や地震の予知において最も重要でありながら、最も

難しい予知項目はその発生のタイミングの予測である。今回の噴火においては北海道大学の岡田弘教授が、「噴火は1両日中」と具体的な噴火時期に及んで発言を行った。長年にわたる観測、研究の蓄積に裏打ちされた岡田教授の人々への説明や避難訓練に基づいた発言は、説得力を持って各自治体首長に聞き入れられた。避難勧告や避難指示の発令に際して生じがちな躊躇を払拭することに役立ったと考えられる。また、自然の不確定な現象であるにもかかわらず、住民に避難を呼びかけた自治体首長の判断も英断であったと言える。

■科学技術者への信頼

自治体や住民の適切な対応の背景には、研究者、自治体、住民の間に築かれた相互の信頼関係とその下で醸成された自治体の高い危機管理意識、住民の高い防災意識があった。有珠山の観測・研究に長年あたっていた北大の研究者らは、有珠山の活動特性を踏まえて、その知見を地元に積極的に伝え、行政もまた研究者とともに住民の防災教育に熱心に取り組んできた。その象徴は、23年前の噴火を教訓に1995年に作成されたハザードマップであり、それが三者間の防災意識の共有化に大きな役割を果たした。科学技術者への信頼と安心があった。

［2］ 防災成功の鍵——テトラヘドロン

■基本的リスク管理

将来あるいは近い将来において起こる可能性のある災害に対してリスク管理をすることはかなり難しい。経済性から言えば、いつ起こるかわからない不確かなものに対して投資することは、現在の経済の通念から言ってなかなか口に出せない事である。ここに技術倫理の役割がある。少し長い時間を考えると、あるいは子供達のことを考えると、人々の安全、健康そして人々の経済を支える財産を保持するには技術倫理の考えに立ってリスク管理を行うことが必要である。少しでも災害を減じていく方法を効果的に模索する必要がある。現在は、比較的短期間の経済の良し悪しが人々の動向を支配している。災害対策には、少しでも多くの人にこの考え方を変えさせ、経済の優先から長期的に考えれば一番有効な技術倫理の優先の道にもどる。かなり難しいことであることはわかる。この隘路から抜け出る方法が１つある。それは、有珠山噴火の災害を減災するために用いた方法である。ここでリーダーとして働いた岡田教授の足跡を追ってみる。そこには、しっかりとした連携がみえる。災害時において、住民に避難命令を出せるのは行政の首長であり、このところに正確な情報と適確な判断をすることができる体制が必要である。岡田教授は熱心に説明を行って、科学技術者として信頼を勝ち得ている。広く住民に説明するのにはマスメディアが有効である。この機能を活用して住民に情報を流している。岡田教授は熱心に説明責任を果たしている。

■テトラヘドロン体制

岡田教授は、ほぼ周期的に起こる有珠山の噴火の前兆を長期間の観測によって把握し、減災に結びつける体制を示した。これは技術倫理に基づいた１つの貴重な実践例である。体制をつくるには次の３つが重要である。

① 科学技術による綿密な研究調査、これらは火山噴火の観察調査だけでなく、関係住民、自治体、情報伝達などのすべての関連する情報の調査が必要である。

② これらの火山に関係する実態、危険、変動などの情報の共有化を図るため、住民、自治体との会合、集会等による情報伝達を行う。すべての情報を知ってもらい、信頼関係をつくる。これによって住民・行政・マスメディア・科学技術

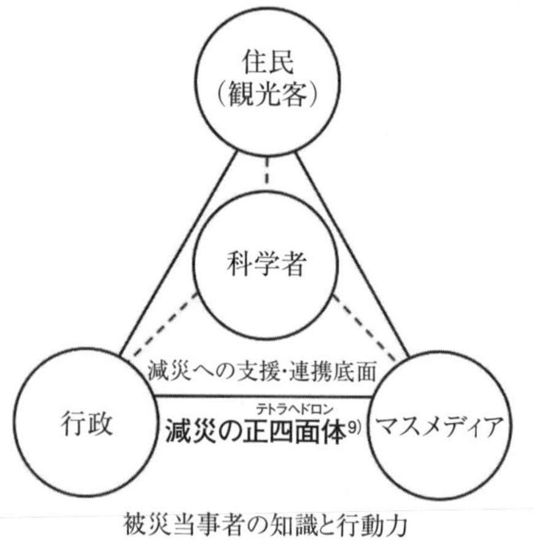

図-5.15　テトラヘドロン連携

者の一体化を図る。

③ 科学技術者からの情報に基づいてハザードマップを作成し、行政・住民・マスメディアの同意により、避難訓練などの実行をしやすくする。実際に起こる噴火の地点、状況によって臨機応変に対応できるものにし、住民、自治体の同意を前もってつくっておく。観測体制の綿密さから噴火は1両日中と推測され、2日後に噴火した。1万人を越える住民の事前避難により人的被害ゼロという理想的な減災効果を得ることができた。これがテトラヘドロン連携（**図 -5.15**）である。

■住民・自治体・マスメディア・科学技術者の連携

ハザードマップに想定された噴火活動をもとに、自治体は避難計画を綿密に作成するとともに、避難訓練を繰り返すなど、住民の防災指揮の高揚に努める。一方、そこに示される状況想定に基づいて、種々の事態が生じた場合の具体的な対応を事前に検討していた。また、住民は有珠山の噴火特性について理解を深めるとともに、万一の際の心構えを養っていた。そして、その過程で住民・自治体・科学技術者の間に強固な信頼関係が築かれていた。今回の有珠山噴火における住民避難が適切に行われた背景は、避難情報が適切に提供されたことのみならず、以上のような日頃からの地道な活動の存在があったことは、後の防災にとって学ぶべきこととして指摘しておきたい。

［3］ 避難予報のタイミング

北大有珠山観測所長 岡田弘教授の言動を追う。緊張したやりとりから、リスク管理の指令が流れる。それは、情報の伝達を適確に行うことである。その伝達の様子を見る。

有珠山は「うそをつかない山」だ。有珠山は粘性の高いマグマが動きだすと地殻と摩擦を起こし、必ず地震を発生させる。過去7回の噴火がそうであった。科学観測の信念から噴火予知の挑戦が始まる。

前回の1977年8月には地震発生後32時間で噴火した。

万一に備え関係機関、住民らに警戒心を持ってもらわなければと思うが、しかし、あまり早くから警戒心を起こすと危機感を保てないことになる。細心の注意を払わなければならない。

観測所では電話が鳴りっぱなしになり、「取材に応じられない」と断ることを決めた。観測業務に支障が出かねないからである。「しかし説明責任はある」と考えている。そこが住民と共にあるという倫理観によって行動しているところである。

災害を最小限度にくいとどめるためには、住民・行政・科学技術者・マスメディアの連携が重要であるというのが岡田教授の持論であった。

29日午前7時8分、M3.4、さらに9時42分、M3.5。前回噴火時の前兆となったのがM3.7であった。岡田は、「いつ噴火してもおかしくない」「噴火は1両日中の可能性が高い」との見解を示した。気象庁本庁に電話をかけ、「噴火が切迫している」気象庁も同意見で緊急火山情報第1号が、2000年3月29日11時10分発表された。

■国難に備えて――連携の準備

1．科学技術によって自然の脅威、人災的リスクの予測を調査、点検、研究によって知る。人々がこれを共有できるまで、自治体、マスメディア等を通じて情報伝達を十分に行う。

2．個人、町内会、市町村、国さらに企業組織が一体となって、各種災害による国難から守る。そのため情報や、支援を共有するテトラヘドロン連携の核を前もってつくり、準備、訓練を行う。

3．町内会単位の「コミュニティTL（防災行動計画）」などによって、住民の災害に対する具体的計画を立てることが日頃の活動で重要である。

4．安全安心に対する人々の絆の和、ボランティア活動などの和が人間としての生きがいの喜びを形成するようになる。

まとめ

大災害を少しでも救うには、人々が実践に立上がるしかない。阪神・淡路大震災の約10年前にNHKからコンクリート構造が劣化している情報を得ながら、十分には情報を活用できなかった。将来のリスクを捉え管理しようとする技術倫理の未発達さによるものである。今また、このような状況にあるからには情報を集め、実践の必要性を感じる。阪神・淡路大震災、東日本大震災の教訓からは、南海トラフ地震のリスクに対して大津波や他の災害から人々は逃げることができるのか、地域ごとの検証が重要である。同時に原子力災害に対する責任体制などのリスク管理が不十分であると感じる。千歳川放水路計画は、自然環境問題と米作地帯の洪水対策のジレンマで合意形成のために技術的倫理的思考の発展が十分でないと感じられる。有珠山噴火の避難体制は住民、自治体、マスメディア、科学技術者の連携によって人的災害ゼロにすることができた。国難を救うための１つの模範となる。テトラヘドロン連携は住民のための具体的計画のネットワーク構築を必要とする。

◎引用・参考文献

1)　日本建築学会，土木学会編：スライド集，Ⅱ-43，p.14，丸善，1995
2)　北海道開発局：千歳川放水路計画に関する技術報告，pp.1-4，1994.7
3)　北海道開発局：千歳川放水路計画に関する技術報告，pp.2-8，1994.7
4)　松浦正浩：社会資本整備における第三者の役割に関する研究，国土交通政策研究 第43号，国土交通省国土交通政策研究所，p.24，2005.1
5)　千歳川流域治水対策全体計画検討委員会：資料4石狩川、千歳川の治水対策について，p.8，2002
6)　千歳川流域治水対策全体計画検討委員会：千歳川流域の治水対策全体計画に関する提言，p.17，2002.3
7)　千歳川流域治水対策全体計画検討委員会：資料4石狩川、千歳川の治水対策について，p.9，2002
8)　北海道新聞社：2000年有珠山噴火，北海道開発局提供，p.13，2002
9)　岡田弘：HITEST，8周年記念セミナー，減災を目指して—2000年有珠山噴火，p.27，2013.10

参考（ウェブサイトの情報）

災害情報、地震情報、災害資料、学会ホームページ等を共有する。

【災害情報、地震情報、災害資料】

1. 消防庁、防災危機管理 e- カレッジ　http://open.fdma.go.jp/e-college/
2. 国土交通省都市地域整備局、都市防災　http://www.mlit.go.jp/crd/city/sigaiti/tobou/
3. 地震調査研究推進本部　https://www.jishin.go.jp/main
4. 気象庁、気象警報　http://www.jma.go.jp/jp/warn/
5. 気象庁、地震・津波の資料のページ　https://www.data.jma.go.jp/svd/eqev/data/gaikyo/
6. 気象庁、報道発表資料　https://www.jma.go.jp/jma/press/hodo.html
7. 日本気象協会　https://tenki.jp/
8. 地震予知総合研究振興会、地震加速度情報ページ　http://www.adep.or.jp/kanren/kasokudo.html
9. 国土交通省国土技術政策総合研究所　http://www.nilim.go.jp/
10. 港湾空港技術研究所、港湾地域強震観測システム　http://www.mlit.go.jp/kowan/kyosin/eq.htm
11. 東京ガス　SUPREME リアルタイム地震防災システム　https://www.tokyo-gas.co.jp/techno/menu2/11_index_detail.html
12. 消防庁、災害情報　https://www.fdma.go.jp/disaster/
13. 国土交通省道路局、災害情報　https://www.mlit.go.jp/road/bosai/disaster.html
14. 内閣府・阪神・淡路大震災記念協会、阪神・淡路大震災教訓情報資料集　http://www.bousai.go.jp/kyoiku/kyokun/hanshin_awaji/data/index.html
15. 神戸大学附属図書館、震災文庫　http://www.lib.kobe-u.ac.jp/eqb/
16. 人と防災未来センター、資料室　http://www.dri.ne.jp/material
17. 兵庫県、阪神・淡路大震災からの創造的復興　https://web.pref.hyogo.lg.jp/kk41/wd33_000000158.html
18. 神戸すまいまちづくり公社　https://www.kobe-sumai-machi.or.jp/company/outline/

【学会ホームページ等】

1. 土木学会地震工学委員会　http://committees.jsce.or.jp/eec2/
2. 土木学会地震工学委員会　小委員会　http://committees.jsce.or.jp/eec2/subcommittee
3. 土木学会、耐震基準等に関する提言　http://www.jsce.or.jp/committee/earth/
4. 日本建築学会地震防災総合研究特別委員会　http://news-sv.aij.or.jp/bousai/
5. 日本建築学会災害委員会　http://saigai.aij.or.jp/index.html
6. 日本地震工学会（JAEE）　https://www.jaee.gr.jp/jp/
7. 日本技術士会倫理委員会　https://www.engineer.or.jp/c_cmt/rinri/
8. 第三者社会基盤技術評価支援機構・北海道（HITEST）　http://hitest.sakura.ne.jp/

おわりに―技術倫理とともに―

技術者の能力は工学の知識はもとより、一度、構造物が完成すると、50年あるいは長いものは100年と供用されるものとして考えなければならない。子供達の時代、孫達の時代と長く引き継がれるものである。そのため将来に起こるリスクを考察し、安全を確保することは技術倫理そのものであり、工学、特に土木工学は技術倫理なしでは成立しない。自然災害に対する国難を救うのは土木工学の使命なのである。たとえ微力であっても、地道に勇気・誠意を持って行動することである。

これらは、一般社団法人第三者社会基盤技術評価支援機構・北海道（通称HITEST）の事業の一環として行っているものである。これらの活動には公益社団法人土木学会などの工学学会、公益社団法人日本技術士会などの工学士会などがあり、広く知識を知っておく必要がある。頭に浮かんでくることを次にあげる。

1つ目は、国難を受けやすい地域をめぐりその状況を把握し、支援とはどういうことなのか情報交換を行う。地域の実情の深さは測りしれない、これらの情報をNET化する必要がある。

2つ目は学生に対する技術倫理の伝承を通して、志、覚悟の思いを伝える。技術倫理を進めるには自律を大切にすることにある。社会に出た人々の社内での技術倫理教育について講演会、講習会などの他に社内の風通しが良くなるような研修、話し合い、交流などを促進する。これまでこのような活動をHITESTとして行っており、さらに進めたいと考えている。

3つ目は社訓などによって社内の指導部が技術倫理について話し合い、情報交換体制をつくる。これらによって社員は社訓をよく知り、指導部との連携を確認する。社内における技術倫理に関する情報を他社に伝達する機能を持つようにする。

4つ目は契約社会における不文律として技術倫理がある。これは、コンプライアンスやホイッスルブローイング等としてあるが、状況判断に応じてバランス感覚が求められることを認識すべきである。また、入札方式において総合評価方式が行われているが、この中に技術倫理に関する評価項目を追加する提案を行う。これによって発注者側、受注者側も不祥事に対して監視の目がにぶらないように、またこれから将来に向けて起こるリスク管理に対しても目を向ける。沈黙の科学技術者から少しでも脱却を行うことの努力を行う。またHITESTにおいても地方との連絡体制、ネットワーク交流体制をつくる。地道に進めながら、国難を少しでも救う。

5つ目はこれまで起こった大災害にはそれぞれ教訓が残されている。これらを分析しインフラの強化、設計法の向上、津波に対する備えを十分に考えておくことが必要であり、実践的な対応を必要としている。災害の前後における町づくりには技術倫理にかなった合意形成が望まれている。この国難を救う1つの方法として有珠山噴火に用いたテトラヘドロン連携が注目される。このシステムをよく解明し、これを活用する方法を明らかにし実践する。

将来を見据えて静かなる技術倫理が、組織の中の技術者や技術を学ぶ学生にとって自律的倫理観を涵養するための一助となり、ともにネットワーク体制ができれば幸いである。

著者紹介

佐 伯　昇（SAEKI Noboru）　工学博士

執筆担当：はじめに、第1章、第5章、おわりに、参考

経歴

1966年　北海道大学工学部土木工学科　卒業
1972年　北海道大学土木工学　博士課程修了　工学博士
1972年　北海道大学工学部　講師
1990年　北海道大学工学部　教授
現　在　北海道大学名誉教授
　一般社団法人第三者社会基盤技術評価支援機構・北海道（HITEST）　代表理事
　北海道生コンクリート品質管理監査会議　議長
　社会福祉法人恵望会　理事長

主な著書（共訳）「コンクリート工学」（技報堂出版、1998年）
（共著）「技術倫理－日本の事例から学ぶ」（丸善、2006年）
（共訳）「コンクリートの耐久性（改訂版）」（技報堂出版、2018年）

横 田　弘（YOKOTA Hiroshi）　博士（工学）、技術士（建設部門）

執筆担当：第3章

経歴

1978年　東京工業大学工学部土木工学科　卒業
1980年　東京工業大学大学院理工学研究科　修士課程修了
1980年　運輸省港湾技術研究所
2001年　独立行政法人港湾空港技術研究所
2009年　北海道大学大学院工学研究院　教授

主な著書（共著）「新領域土木工学ハンドブック」（朝倉書店、2003年）
（共著）「Handbook of Concrete Durability」（Middleton Publishing、2010年）
（共著）「コンクリート補修・補強ハンドブック」（朝倉書店、2011年）
（共著）「コンクリート構造物のサスティナビリティ設計」（技報堂出版、2016年）

冨澤　幸一（TOMISAWA Koichi）　博士（工学）、技術士（建設部門・総合技術監理部門）

執筆担当：第2章

経歴

1980年　函館工業高等専門学校土木工学科　卒業
1980年　国立研究開発法人土木研究所寒地土木研究所
2007年　北海道大学大学院工学研究科博士後期課程　修了
現　在　北武コンサルタント株式会社　技師長
　　　　一般社団法人第三者社会基盤評価支援機構・北海道(HITEST) 上級技術倫理指導員
　　　　公益社団法人技術士会北海道本部倫理員会 幹事
　　　　北海学園大学工学部 非常勤講師（技術者倫理担当）
　　　　土木学会フェロー・APECエンジニア

主な著書（共著）「北海道における複合地盤杭基礎の設計施工法に関するガイドライン」
　　　　（土木研究所寒地土木研究所、2010年）
　　　（共著）「実務家のための火山灰質土－特徴と設計・施工，被災事例－」
　　　　（地盤工学会、2011年）

正岡　久明（MASAOKA Hisaaki）　技術士（建設部門・総合技術監理部門）

執筆担当：第4章

経歴

1986年　東海大学工学部土木工学科　卒業
1986年　株式会社シー・イー・サービス　入社
現　在　株式会社シー・イー・サービス　執行役員
　　　　一般社団法人第三者社会基盤評価支援機構・北海道(HITEST) 上級技術倫理指導員

主な著書（共著）「減災と技術」第10章地域防災力の向上（日本技術士会、2005年）
　　　（共著）「組織の危機管理を考える」
　　　　（日本技術士会北海道支部北海道技術士センター、2006年）
　　　（共著）「技術士ハンドブック」第12章リスクマネジメント（オーム社、2009年）

静かなる技術倫理—国難を少しでも救う志— 定価はカバーに表示してあります.

2020年3月23日 1版1刷発行 ISBN 978-4-7655-4131-2 C3050

著 者 佐伯 昇
横田 弘
冨澤 幸一
正岡 久明
発行者 長 滋彦
発行所 技報堂出版株式会社
〒101-0051 東京都千代田区神田神保町1-2-5
電 話 営 業 (03)(5217)0885
編 集 (03)(5217)0881
FAX (03)(5217)0886
振替口座 00140-4-10
URL http://gihodobooks.jp/

日本書籍出版協会会員
自然科学書協会会員
土木・建築書協会会員

Printed in Japan

落丁・乱丁はお取り替えいたします. 装丁 ジンキッズ 印刷・製本 愛甲社